多边贸易框架下
应对气候变化问题研究

孙雁南 · 著

云南出版集团
云南人民出版社

图书在版编目（CIP）数据

多边贸易框架下应对气候变化问题研究 / 孙雁南著. ——昆明：云南人民出版社，2021.3

ISBN 978-7-222-19995-8

Ⅰ. ①多… Ⅱ. ①孙… Ⅲ. ①气候变化－研究－世界 Ⅳ. ①P467

中国版本图书馆 CIP 数据核字（2021）第 013050 号

组稿编辑： 赵　红
责任编辑： 王　逍
策　　划： 蓓蕾文化
责任校对： 任　娜
责任印制： 代隆参

多边贸易框架下应对气候变化问题研究
DUOBIAN MAOYI KUANGJIA XIA YINGDUI QIHOU BIANHUA WENTI YANJIU
孙雁南　著

出版　云南出版集团　云南人民出版社
发行　云南人民出版社
社址　昆明市环城西路 609 号
邮编　650034
网址　www.ynpph.com.cn
E-mail　ynrms@sina.com
开本　880mm×1230mm　1/32
印张　7
字数　160 千字
版次　2021 年 3 月第 1 版第 1 次印刷
印刷　成都新恒川印务有限公司
书号　ISBN 978-7-222-19995-8
定价　38.00 元

如有图书质量及相关问题请与我社联系
审校部电话：0871－64164626　出版部电话：0871－64191534

前　言

在人类追求经济快速发展的过程中，许多经济行为对我们赖以生存的环境造成了不可挽回的伤害，特别是不可再生资源的过度消耗以及废弃物的不合理的排放。人类的经济和社会活动向大气排放了大量的温室气体，随着温室气体排放的增加，全球变暖问题不断的加深。全球变暖导致海平面上升，一些恶劣天气给人类带来了消极的影响。气候变化不仅影响了人类赖以生存的自然环境，也影响了人类的健康。我们已经认识到了应对气候变化问题的重要性，因此无论是国际社会，还是世界各国都在积极推动气候变化应对策略。

为了应对气候变化，在国际层面，国际

社会通过签订了《联合国气候变化框架公约》以及《〈联合国气候变化框架公约〉及京都议定书》等国际公约来推进各国的气候变化应对工作。在国家层面，无论是发达国家还是发展中国家都意识到了气候变化问题的重要性，各个国家都推行了一系列的政策措施来推动国内的能源结构调整，倡导节能减排，大力发展以风能和太阳能为代表的可再生能源。

WTO 作为一个备受瞩目的经济组织，其成立的目的是规范多边贸易体制下的贸易秩序，尽可能地减少贸易壁垒，推行国家间的自由贸易。为了实现这一目标，GATT 和 WTO 制定了一系列相关规则，来确保国际贸易的有序进行。WTO 在推动国际贸易发展的同时也意识到环境保护的重要性。但是其在应对气候变化的过程中，一些与贸易相关的环境措施的制定，往往会存在贸易限制的情况。例如一些环境保护措施可能对产品的进口设立了相应的标准，只有达到标准才能够进口，这往往存在变相的贸易限制情况。比较有争议的情况主要出现在碳关税的征收和可再生能源补贴的实施等问题上。

应对气候变化的这些措施的实施与 WTO 框架下的多边贸易规则存在一些潜在的冲突，进而招致贸易争端的频繁发生。对于中国来说，现在正处于经济高速发展阶段，在经济发展的过程中，碳排放量不可避免会出现增多的情况。中国已经意识到气候变化问题的严峻性，因此也在积极进行能源结构的调整，大力发展可再生能源。

与发展中国家相比，发达国家一直主导着气候变化的应对，并试图通过实施碳关税以及其他政策措施来推进世界的碳排放进程。但是，如果这些政策措施制定得过于严格，会对发展中国家产品的出口产生变相的限制。发展中国家也在积极发展可再生能源产业，但由于受经济和技术的限制，跟发达国家相比还存在一定的差距。补贴政策在推动产业发展过程中往往发挥着举足轻重的作用，而在SCM 协议下，这种补贴存在违规的风险，如果不实施补贴政策，可再生能源产业就难以发展，因此，如何进行政策制定也是发展中国家亟须解决的一个重要的问题。

规则中的不确定性，使得可再生能源领域的争端案件不断增多，因此有学者建议，应该对现有的多边规则进行相应的修改，以应对社会发展过程中所产生的新问题。但鉴于目前多边回合谈判停滞不前的现状，多边贸易规则的改革和完善不会在短期内可以实现。因此，需要我们在制定相关政策的时候，认真地研究分析现有的多边贸易规则，同时也要研究现有的相关案例，进而提高政策措施的科学性和合规性。对于发展中国家来讲，我们要加强国际合作进而更加有效地应对气候变化问题。

目　录

contents

导　论

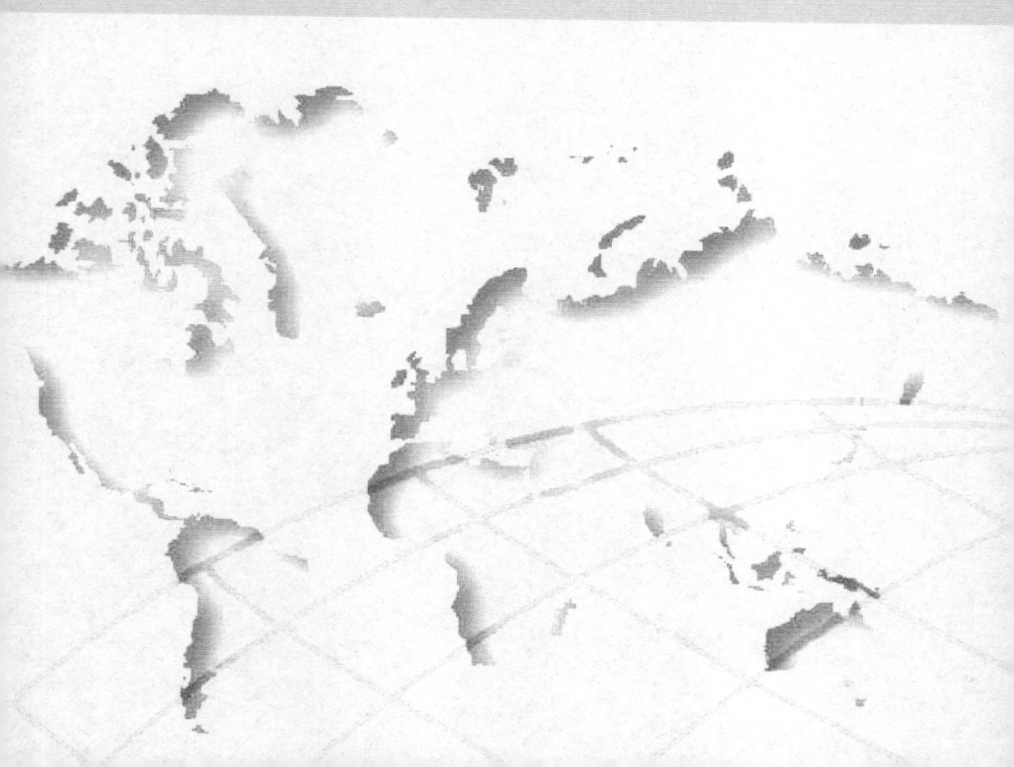

随着人类生活水平的不断提高，人们对于生活质量和生活环境的要求越来越高。经济高速发展，尤其是在产业革命以后，化石燃料的使用加大，温室气体排放的增多，产生了许多社会问题。主要表现为全球变暖问题的不断加深，由此引发的气象灾难也频频发生。全球变暖已经成为人类生存发展的一个重要的威胁和挑战。

面对这些问题，各国都开始采取措施来应对全球气候变暖。与此同时，新的可再生能源的开发的重要性也日益凸显。众所周知，新的可再生能源的发展离不开政府在政策和资金上给予充分的支持，但是，各国在进行能源产业支持的同时，又会不可避免地对国际贸易的发展造成不利的影响，产生贸易扭曲现象。从近几年向世界贸易组织提出的申诉可以发现：可再生能源补贴相关案例在不断增多，可再生能源补贴如何合理合法地实施，是可再生能源产业发展需要解决的一个首要问题。

除此之外，在碳关税的推行过程中，也引发了许多贸易争端，其合法性问题也一直是一个争论较多的话题，它的不合理使用，将成为一个绿色贸易壁垒，不利于贸易的自由发展。

在多边贸易协定下，为了较好地规范各国的贸易活动以及推动世界贸易健康有序发展，关税及贸易总协定（General Agreement on Tariffs and Trade，简称 GATT）以及世界贸易组织（World Trade Organization，简称 WTO）都通过制定相应的规则来消除贸易壁垒，实现全球范围内的贸易自由。但是，这些规则的制定更多的是为了实现贸易、经济的发展，在对环境保护的考量上难免存在不足，甚至一些环境政策的制定还会对环境产生消极的影响。

环境政策的制定对于贸易会产生一定的消极影响，贸易也会对环境产生消极的影响。有关贸易发展与环境保护之间关系的认识从 20 世纪 70 年代开始就已经存在，然而与贸易相关的领域主要是在国际通商领域中以通商为中心，而环境法领域是以环境为中心，都分别得到了一定的发展。现在的国际社会更多的是以贸易为中心，不断地寻求经济的快速发展，贸易在不断发展的同时也对国际法的各个领域产生了直接或间接的影响，甚至还进一步使我们的经济生活产生变化。随着环境意识的不断增强，人类对生存环境开始产生担忧，因此环境与经济发展之间的争议便不可避免了。

面对贸易与环境之间的矛盾，WTO 试图通过 GATT 中第 20 条的解释来判断贸易规则的合理性，但是第 20 条是一个例外条款，自身存在一定的限制，从其适用上来看，还没有完全突破第 20 条的适用问题。随着社会的进步，还会进一步出现新的状况和新的争议，例如新能源补贴的争议问题以及碳关税征收等问题。

本书以 GATT/WTO 框架下与气候变化有关的条款为中心，梳理了相关条款的内容以及其存在的争议，重点研究分析了在多边贸易框架下，气候应对措施在实施过程中可能存在的一些问题。从相关的研究中，我们也不难发现，目前 WTO 相关条款的制定虽然具备环境因素的考量，但是这些条款在实践中的可操作性不强。因此，在多边贸易协定下，如何缓解环境保护与自由贸易之间的潜在冲突，也是本研究的一个重要目标。除此之外，该书旨在解决多边贸易框架下，如何有效地推动气候变化应对措施的实施，进而有效地应对全球气候变化问题。

全球变暖问题日益加剧，气候变化不仅带来了全球气温的升高，随之而来的海平面上升、生物锐减、土地质量降低，以及旱涝等恶劣天气问题已经引起了国际社会的重视，因此，也有一些学者针对 WTO 与环境、气候等问题从不同的层面进行了研究。

一部分学者从中国的能源结构出发，对中国的碳排放情况进行分析研究，最后对中国能源结构的调整提出了建设性的建议。贺卫和蒋丽琴（2012）对发展中国家温室气体减排态势进行了分析，在其研究中就曾指出，随着经济的高速发展，中国的碳排放量也在迅速提升，减少碳排放量政策的推行是中国减少对传统能源依赖的一个行之有效的途径。[①] 马彩虹、任志远和赵先贵（2013）采用了 IPCC 法对发达国家与发展中国家的碳排放进行了比较，进而指出中国对化石能源结构不够合

① 贺卫，蒋丽勤．发展中国家温室气体减排态势分析[J]．学习与实践，2012，(11)：55 - 63.

理，使得中国能源消费中的碳排放总量处于增长态势，能源结构调整势在必行。[①] 仲云云和张冲（2018）构建了博弈模型，针对不同阶段的国际碳减排战略进行分析，最终得出如果想实现全球的低碳发展需要发达国家与发展中国家的合作，也需要发达国家在资金和技术上的支持。[②]

还有一部分学者从法学的角度，对可再生能源发展过程中补贴政策和制度的合法性进行了探讨。黄志熊和罗嫣（2011）针对世界贸易组织的补贴和反补贴规则进行了研究，指出在其规定中并没有针对环境补贴的特殊考量，也就是说存在法理与现实的脱节，这一现象使得各成员国在推行能源补贴政策的时候，相关政策的合法性容易招致其他成员国的质疑，也不利于国际贸易的发展。[③] 孙法柏和唐洪霞（2015）以及杨昇（2018）从 WTO 框架下可再生能源补贴的制度困境入手，针对国家的制度改革以及困境的应对提出了建议。[④] 吕晓杰（2016）针对加拿大可再生能源案的上诉报告进行研究，分析

① 马彩虹，任志远，赵先贵. 发达国家与发展中国家碳排放比较及对中国的启示[J]. 干旱区资源与环境，2013，27（02）：1 -5.

② 仲云云，张冲. 低碳发展的国际碳减排博弈与中国对策[J]. 云南财经大学学报，2018，34（12）：106 -112.

③ 黄志熊，罗嫣. 中美可再生能源贸易争端的法律问题——兼论 WTO 绿色补贴规则的完善[J]. 法商研究，2011，28（05）：35 -43.

④ 孙法柏，唐洪霞. WTO 框架下可再生能源补贴的制度困境与消解路径[J]. 昆明理工大学学报，2015，15（01）：30 -36. 杨昇. WTO 规则下我国可再生能源补贴政策的困境与应对策略[J]. 南海法学，2018，2（02）：98 -105.

了专家组对相关案例的解释路径。① 王永杰（2018）和杜玉琼（2017）从可再生能源的合规性出发，分析了浙江省和我国的可再生能源政策，并提出了如何来完善中国的可再生能源的补贴政策。② 黄珺仪（2017）基于31个省的相关数据，对中国可再生能源产业电价补贴的效果进行研究，并指出可再生能源产业的补贴政策对可再生能源产业的发展存在积极的推动效果，但是这一效果并不明显，并基于这一结论，提出了相应的政策建议。③ 吕晓杰（2016）以加拿大可再生能源案为中心，考查其实施的可再生能源政策，分析了该政策与 WTO 补贴制度的相符性，并指出当制度规定不能够较好地应对环境问题时，争端解决机构需要在其裁量的过程中予以较为全面的考量。④

国外学者也从经济和法律两个层面对 WTO 框架下可再生能源的发展问题进行了相应的研究。Murray, Cropper, Chesnaye and Reilly（2014）就在其论文中探讨了可再生补贴对

---

① 吕晓杰. WTO 补贴制度中环保要素解读与演进式条约解释路径——《加拿大可再生能源案》的启示[J]. 暨南学报（哲学社会科学版），2016，38（09）：50 - 57 + 129 - 130.

② 王永杰. 浙江省可再生能源补贴政策合规性研究[J]. 经营与管理，2018（03）：80 - 86. 杜玉琼. "一带一路"背景下我国发展可再生能源补贴的合规性解析[J]. 四川师范大学学报（社会科学版），2017，44（06）：40 - 45.

③ 黄珺仪. 中国可再生能源产业电价补贴政策绩效研究——基于省际面板数据的实证分析[J]. 价格月刊，2017（08）：11 - 16.

④ 吕晓杰，可再生能源政策与 WTO 补贴制度的相符性分析——以加拿大可再生能源案为中心的考察[J]. 江汉论坛，2016（06）：96 - 103.

碳排放减少之间的关系。[①] Farah 和 Cima（2015）就专门针对上网电价补贴政策在补贴与反补贴制度下的合法性进行了研究，指出目前的补贴与反补贴协定对环境保护的考量存在漏洞，并给出了几个法律上的解决途径来解决 WTO 框架下绿色补贴的合法性问题。[②] Waltman（2016）就 WTO 框架下可再生能源发展中存在的问题进行了系统的分析并指出了目前的多边贸易规则，例如《关税及贸易总协定》《与贸易有关的投资措施协议》等都在一定程度上限制了可再生能源补贴的使用，最后，针对《关税及贸易总协定》《补贴与反补贴协定》以及《与贸易有关的投资措施协议》等给出了相应的修改建议。[③] Bansal 和 Deshpande（2017）就印度太阳能案对可再生能源补贴在 WTO 框架下的合法性进行了研究，并试图在《补贴与反补贴协定》中适用关税及贸易总协定中的第 20 条的例外条款，进而来寻求自由贸易和国内管制的一个平衡。[④] Sophie Wenzlau（2018）针对目前向 WTO 所提起的有关可再生能源补贴的案例进行了整理并发现，目前多边贸易规则的不确定性是造成

---

① Brian C. Murray, Maureen L. Cropper, Francisco C. Dela Chesnaye, John M. Reilly. How Effective are US Renewable Energy Subsidies in Cutting Greenhouse Gases? [J]. American Economic Review, 2014, 104 (5).

② Paolo Davide Farah, Elena CIma, The World Trade Organization, Renewable Energy Subsidies, and the Case of Feed - in Tariffs: Time for Reform toward Sustainable Development, 27 Geo. Int'l Envtl. L. Rev. 515, 2015.

③ Rick A. Waltman, Amending WTO Rules to Alleviate Constraints on Renewable Energy Subsidies[J]. Willamette Journal of International Law and Dispute Resolution, 2016, 23 (2).

④ Vivasvan Bansal, Chaitanya Deshpande, The India - Solar Cells Dispute: Renewable Energy Subsidies under World Trade Law and the Need for environmental Exceptions, 10 NUJS L. Rev. 209, 2017.

可再生能源补贴纠纷案例增多的一个重要原因，并指出需要对现有规则进行相应的完善以减少不确定性的存在。①

除此之外，还有一些硕博论文也针对 WTO 框架下与环境相关的问题进行了分析与研究。其中肖夏（2011）专门研究了有关绿色专利问题，并指出现有的规则对绿色技术，即环保技术（environmental Technology）、环境友好型技术（Environmentally Friendly Technology）或者清洁技术（Clean Technology）等转让存在的限制，并对诉诸 WTO 争端解决机制中的相关案例进行了系统的分析②。王淼（2011）和黄文旭（2011）则在 WTO 框架下碳关税研究情况进行研究，就 WTO 相关规则对低碳经济和碳关税的推行所产生的影响出发，探寻政府推动措施的合理性。③ 宋俊荣（2010）和谢新明（2012）则就多边环境条约与 WTO 的冲突与协调出发，整理了与环境有关的主要多边环境条约，并指出目前多边环境条约与 WTO 冲突的所在，并试图完善多边环境条约与 WTO 之间的冲突问题。④王伟男（2009）、傅聪（2010）和温融（2011）等主要针对国际社会以及欧盟应对气候变化问题的经验进行分析和整理，对

① Sophie Wenzlau, Renewable Energy Subsidies and the WTO, 41 Environs: Envtl. L. & Pol'y J. 339, 2018.

② 肖夏. 绿色专利法律问题研究[D]. 武汉大学，2011.

③ 王淼. WTO 规则对低碳经济的约束与激励[D]. 吉林大学，2011. 黄文旭. 国际视野下的碳关税问题研究[D]. 华东政法大学，2011.

④ 宋俊荣. 应对气候变化的贸易措施与 WTO 规则：冲突与协调[D]. 华东政法大学，2010. 谢新明. 论多边环境条约与 WTO 之冲突与联结[D]. 华东政法大学，2012.

我国应对气候问题的解决具有一定的借鉴意义。①

本书主要在多边贸易框架下针对如何有效实施应对气候变化的政策进行了相关研究，在对比了发达国家与发展中国家的碳排放情况之后，对于发展中国家和发达国家的碳排放问题进行了深入的分析，提出发展低碳经济，推动节能减排以及发展可再生能源的重要性和紧迫性；并有针对性地对 WTO 框架下与气候变化的相关规则以及国际上的相关规则进行分析研究，探寻 WTO 的相关规则对国内推行气候变化政策所产生的影响。除此之外，本书还探讨了中国国内以及发达国家目前碳排放情况及其所采取的相应政策，指出目前我国在推行相关政策时所面临的问题，并试图通过对发达国家政策的研究，为我国推动清洁能源的发展提供相应的建议。

本书的导论部分从当前全球变暖问题出发，指出气候变化以及其产生的原因。本书的第一章主要分析了发展中国家以及发达国家的碳排放情况。通过对发展中国家和发达国家的环境情况进行对比，我们可以发现，与发达国家一样，发展中国家的碳排放问题也较为严峻。发展中国家面临着经济发展和环境保护的双重重任，加之科学技术的限制，发展中国家可再生能源产业的发展还存在一定的不足和制约性。除此之外，本章还专门分析了发展中国家碳排放问题严峻的主要原因。

第二章主要分析了发达国家、发展中国家以及国际社会在

---

① 王伟男，欧盟应对气候变化的基本经验及其对中国的借鉴意义[D]. 上海社会科学院，2009. 傅聪，欧盟应对气候变化治理研究[D]. 中国社会科学院研究生院，2010. 温融，应对气候变化政府间合作法律问题研究[D]. 重庆大学，2011.

应对气候变化问题上所做的努力。通过在国内层面和国际层面所做的努力可以看出，国际社会已经充分意识到碳排放问题的严峻性，并积极地探索缓解碳排放的路径，应对气候变化这一国际问题。

第三章则针对以往的相关案例，分析了 GATT 多边贸易框架下涉及环境应对的相关条款。GATT 的设立有效地减少了国际贸易壁垒，促进了国际贸易的快速发展。但是应对气候变化的相关措施会与 GATT 多边贸易框架下的相关贸易规则相冲突，违背了其成员国在多边贸易框架下的相关责任。而其中 GATT 第 20 条的一般例外条款，是缓解气候变化与贸易发展之间潜在冲突的一个重要的条款。为了较好地应对因气候变化问题而引起的贸易争端，在该章节中还专门对 GATT 第 20 条的相关案例进行了深入的分析，通过分析可知，相关条款的解释存在不明确的规定，因此给予了专家小组和上诉机构较大的自由裁量权。从专家小组和上诉机构对第 20 条的相关解释可知，WTO 争端解决机构也在不断地加大对于气候变化问题的关注，即便如此，仍有许多问题没有明确解决。

第四章则专门针对 WTO 框架下与环境保护相关的规则进行深入的研究。从规则的分析上可以看出，由于 WTO 不是一个专门的环境保护组织，虽然在其相关条款中明确了环境保护的相关要求，但是这些条款的可操作性和时效性都存在一定的争议。因此如何在 WTO 多边贸易框架下合理有效地推动与贸易有关的气候变化应对措施是一个亟待解决的问题。

第五章结合了以往的相关案例专门分析了在多边贸易体制下应对气候变化所存在的问题，同时也介绍了国际上的相关规则在实践中的适用情况。在多边贸易体制下与环境相关的争议主要存在以下几点：第一，在多边贸易体制下，碳关税的合法性问题；第二，在《补贴与反补贴措施协议》下，可再生能源的合法性问题；第三，多边贸易框架下，自由贸易与气候变化应对的潜在冲突。通过分析可以看出，其间仍然存在一些争议问题需要明确，应对气候变化仍存在一些不确定性。由于规则上的不足或者不够完善，可能限制了国内气候变化相关措施的推进。不同国家的经济发展存在差异，对于气候变化问题的应对也会存在不同，因此要制定统一的规则，以减少争议的存在。在这一背景下，多边贸易谈判中有关环境的结论也并不明朗。因此，在多边贸易体制下，如何应对气候变化问题，也是值得我们进一步关注的。

第六章则从规则和国内措施的制定两个方面出发，提出相应的建议，进而推动国际社会较好地应对气候变化问题。从规则方面来看，需要对多边贸易体制下的规则进行相应的完善以使其能够适应社会发展的需要。另一方面，在国内政策的推行上，则应多学习国际上的先进经验，这些先进经验对中国相关政策的制定与推行具有一定的借鉴意义。

第一章>>>

全球气候变化现状

1.1 气候变化及其产生原因

引起气候变化的原因是多方面的，总体来说主要由自然原因和人为原因所造成。自然方面的原因多种多样，例如受太阳和地球的位置关系变化、火山活动以及海洋等因素的影响。而人为原因所导致的气候变化主要表现在地表形态的变化和温室气体的排放上，而这又缘于人类的社会和经济活动对气候变化所造成的影响。

在最初的原始社会，也就是人类活动的初级阶段，受人类的认识水平和生产工具等诸多因素的限制，人类的生产能力也比较有限，人类活动对自然或者对气候的影响也比较小。在这一时期，人类处于对自然的敬畏和崇拜阶段。后来，随着生产工具的改进，生产能力也在不断提高，人类进入文明社会，并逐步出现农业、手工业以及商业的发展，人类的认识能力和生产能力都在不断提升。随着对自然界的认识不断加深，人们开始了对自然的利用，人类的活动对环境产生的影响也在逐步加深。

18 世纪 60 年代，工业革命给人类社会带来的一个重要变化就是实现了生产工具的重大改善。在经历过几次工业革命的改革之后，机器开始取代过去的手工工具，并逐步实现了电气化、自动化甚至智能化，因此，人类的生产能力也得到了极大提高。随着人类认识水平和生产能力的不断提高，人类对自然界的利用在逐步加深的同时，对自然界的影响也在不断加剧。

由此可见，人类的生活和社会的发展进步都离不开对自然的索取，尤其在谋求经济发展的过程中，人类的一系列活动对自然以及环境的影响更是在不断加深。人类在经济活动的发展过程中，需要大量土地资源，也需要更多的经济资源，例如煤炭、石油以及一些矿产资源等。在人类社会发展的初期，对资源的需求有局限性，因此没有给环境发展带来压力。但是随着经济发展的不断加深，人类对资源的索取也在不断加重。

在人类农业活动的过程中，自然环境不断得以改变。例如，在发展农业的过程中需要大量的土地资源，为了获得更多的土地资源，人类砍伐树林，导致林地减少、水土流失和土地沙漠化等问题。尤其在产业革命以后，大量的森林被快速破坏，而森林的破坏不仅改变了地表面的形态，也降低了二氧化碳的吸收。除此之外，产业革命以后由于大量化石燃料的使用，碳排放更是在不断增加，这也在很大程度上导致了地球平均温度的上升，造成了温室效应的出现。

随着生产工具的不断进步，人类也逐步从农业社会进入工业社会。在经济的快速发展过程中，人类对资源的需求也在不断增加，为了谋求经济的快速发展，人类开始了掠夺式的资源开发。但是受生产工具和生产能力的限制，在经济发展的初期阶段，人类对自然资源的开发比较粗放。但是人类社会所用的很多资源都是有限的，这种粗放式的开发也导致了资源的浪费，甚至造成了资源短缺的问题。

人类在经济的发展过程中，除了对资源的掠夺式开发之外，也向环境排放了大量的垃圾。进入产业革命以后，随着化石燃料的大量使用，便有了温室气体的大量排放，例如，煤炭的燃烧会向大气排放大量的温室气体，工厂的生产不仅会向大气排放大量的有害废气，也会排放大量的污水和废物。虽然环境有一定的自净能力，但是如果人类排放垃圾的速度超过了环境的自净能力，便会造成环境的污染和生态的破坏。其中大量温室气体的排放便是造成全球变暖的一个主要原因。全球变暖也引起了气象的异常现象，导致恶劣气候的发生，也给人类造成巨大的伤害。

1.2 气候变化问题的现状

在众多生态环境问题中，气候变化会给人类带来消极影响已经逐渐为国际社会所认同。通常情况下，气候状态是通过不同时期的温度和降水等指标来反映的，而这些指标也会受到人类活动的影响，进而使气候状态在一定时期内发生变化，而这一变化则被理解为气候变化。① 在气候变化中，一个比较明显的表现就是全球气候变暖。

《联合国气候变化框架公约》专门围绕着气候问题，对于“气候变化”“气候系统”“温室气体”以及“排放”等有专门的定义，其中“气候系统”是指大气圈、水圈、生物圈和地圈的整体及相互作用。“气候变化”指处在类似时期内所观测的气候的自然变异之外，由于直接或间接的人类活动改变了地球大气的组成而造成的气候变化。②

气候出现变化的一个主要原因就是人类经济和社会活动的影响。如前所述，人类在进入产业革命之后，大量化石燃料的使用，导致了大量温室气体的排放。国际能源署在有关因化石燃料而产生的 CO_2 排放报告中曾指出，2000 年以后，非经合组织国家的持续稳定增长是建立在对化石燃料高度依赖的基础之上的。③ 这些温室气体导致了全球气温的上升，全球变暖又给人类带来了灾难，因此全球变暖问题开始为国际社会所关

---

①《联合国气候变化框架公约》，第 1 条。

② 同上，第 1.2 条。

③ CO_2 emissions from fuel combustion: overview (2019 edition), https://iea.blob.core.windows.net/assets/d1b384dc-3b89-4ab8-9cd4-8772ed7985b1/CO_2_Emissions_from_Fuel_Combustion_2019_Overview.pdf (accessed on 27 November 2019).

注。全球变暖给人类社会带来了巨大的灾难，其主要原因在于气候变暖、气温上升，使得冰山开始出现融化现象，从而导致海平面的上升。不仅如此，气候变暖还会导致像旱涝等恶劣灾害的出现，最终会影响人类以及动植物的生存环境。

有研究表明，全球变暖主要是由 CO_2 的排放所导致的，而 CO_2 主要是源于化石燃料的燃烧。[①] 人类的经济活动，尤其是能源消费，已经成为温室气体排放的主要原因。[②] 国际能源机构对此进行的研究发现，煤炭排放是全球气温上升的最大缘由。[③] 2016 年，因生产电能和热能而产生的 CO_2 排放已经占到全球总体排放的 42%。从图 1－1 可以看出，自 1990 年开始，全球碳排放量在逐步上升，在 2018 年，CO_2 的排放已经达到了 332 亿吨。因此，减少碳的排放量是目前国际社会解决全球变暖问题的一个最佳解决方案。

---

① Murray Brian C.; Cropper Maureen L.; DE LA Chesnaye Francisco C.; Reilly John M., How Effective are US Renewable Energy Subsidies in Cutting Greenhouse Gases?, American Economic Review, Vol. 104, 2014, pp. 569－574.

② Causes and Effects of Climate change, Available online https://www.nationalgeographic.com/environment/global-warming/global-warming-causes/ (accessed on 17 May 2019)

③ Global Energy & CO_2 Status, Available online https://www.iea.org/geco/emissions/ (accessed on 17 May 2019)

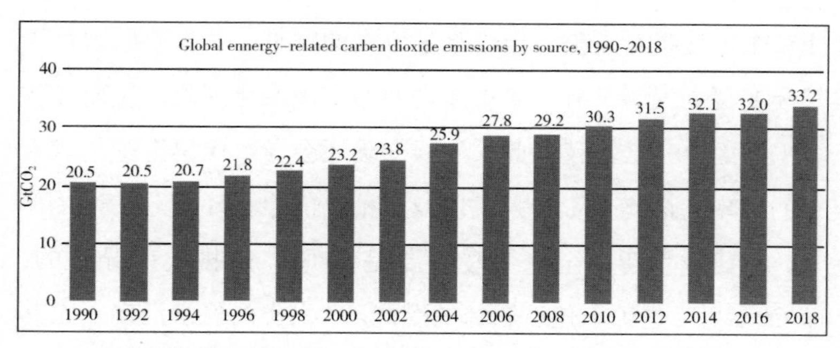

该图表主要根据国际能源署（IEA）中的数据而编制的

图 1-1　1990 ~ 2018 年全球碳排放量

国际能源署相关报告中的数据显示，2018 年全球的能源消耗已经超过 300 万吨，是 2010 年的两倍，进而导致 CO_2 的排放量在 2018 年达到了 332 亿吨的高峰值。虽然 CO_2 的全球排放量都在逐步上升，但是 CO_2 的排放还是主要集中在以中国和印度为代表的亚洲地区，而德国、日本和墨西哥等国的排放量都有所下降。接下来，我们分别研究一下发达国家和发展中国家的碳排放情况。

1.2.1　发达国家的碳排放情况

发达国家因为较早完成了工业革命，因此其经济的发展情况要优于发展中国家，但是其经济发展对自然环境也造成了一定的破坏，因此，发达国家也较早意识到气候的破坏会给人类社会带来灾难。例如欧盟的一些官方机构或者一些非政府组织较早就已经意识到一些极端的自然灾害是与气候变化相关的，如果继续放任下去，气候变化将会对整个欧洲地区的降水、气温以及人类和动植物的生存环境带来负面影响，因此，为了应对气候变化问题，他们展开了一系列的应对活动。①

由于发达国家较早意识到气候变化的危害，并且较早实施了相应的应对措施，因此其碳排放问题也得到了一定的抑制。例如，欧盟就是较早开始实施气候变化应对的群体之一，其对气候变化的应对一方面侧重在对能源政策调整、降低化石燃料使用、加大新能源开发和利用上；另一方面，也比较注重节能减排，提高能源的利用率。欧盟还专门设立了欧洲环境署，通过向决策机构提供可靠的环境信息，来改善欧洲地区的整体环境。欧盟的气候应对的核心主要体现在大规模地发展可再生能源上。② 以下德国、日本、法国以及美国的相关数据主要来自能源署报告。

德国的环境问题在19世纪末20世纪初就已经初步显现出来，作为一个典型的工业国家，德国的环境问题更是一度影响了人类的生活环境。德国在日本的核事故之后才开始推行可再生能源的发展策略，但是，由于该国能源进口相对较多，而其能源的生产基本处于一个不断下降的趋势，因此，德国 CO_2 的排放量自1990年开始基本上一直处于一个下降的趋势。德国的 CO_2 排放量在1990年为940百万吨，到了2016年已经降

---

① 房乐宪，张越．当前欧盟应对气候变化政策新动向［J］．国际论坛，2014，16（03）：25－30＋80．第25－26页。

② Climate change puts pressure on Europe's energy system，https：//www.eea. europa. eu/highlights/climate-change-puts-pressure-on（accessed on November 27，2019）

至731百万吨。

日本也是亚洲地区的主要 CO_2 排放国。尤其在福岛核事故之后，日本化石燃料的使用有所上升，因此，日本 CO_2 排放量在2013年的时候达到了1226百万吨的高峰。而受经济危机的影响，日本在2009年的GDP为54707亿美元，这也是自2007年日本GDP出现下降趋势后的最低值。在这一背景下，日本的 CO_2 排放量从2007年至2009年出现了一个较大幅度的下降，其中2009年的排放量为1052百万吨，是1990年至2016年这20多年间碳排放量的一个最低值。2013年以后，日本政府有针对性地对其能源政策进行调整，减少化石燃料的使用，加强对碳排放的控制，因此日本的碳排放量处于一个持续下降的趋势。

法国较低的碳排放主要得益于其核能的发展，但是随着核能自身发展的限制，法国也开始进行能源转型，在降低核能使用的同时，加强可再生能源的发展。因此，法国的碳排放一直处于一个较低的区间，自2009年开始，其 CO_2 的排放量已经降至1990年的排放水平，即345百万吨，到了2016年，其 CO_2 的排放量已经降至292百万吨。

为了应对气候变化，美国颁布了一系列的气候变化措施，例如，设立机动车的排放标准、碳排放标准以及发展可再生能源等。[①] 但是由于受高速发展的经济推动，美国的碳排放量一直处于一个较高的水平，在1990年美国的 CO_2 排放量为4803

① 王会. 美国地方气候变化立法及其启示[J]. 中国地质大学学报（社会科学版），2017：17（01）：56－64.

百万吨；在2000年的时候其CO_2排放量达到了顶峰，为5729百万吨；2000年以后，美国的CO_2排放量有所下降，直至2016年，其CO_2的排放量为4833百万吨，基本上达到了其在20世纪90年代的水平。这里我们需要注意的是，美国在1990年的GDP为90644.1亿美元，而2016年的GDP却是169203.3亿美元。

1.2.2 发展中国家的碳排放情况

经济得到大发展的同时，人们对生活质量的要求也慢慢提高，因此，西方发达国家较早意识到了对自然合理开采以及环境保护的重要性。但是大多数发展中国家还面临着经济发展的重任，因此在工业化的进程中，也对资源和环境造成了一定的破坏，加之随着西方发达国家环保标准的不断提高，一些会产生高污染和高资源消耗的产业就被转移到发展中国家，甚至出现了“洋垃圾”的跨国转移，例如以旧衣服为代表的生活垃圾以及一些废旧汽车和零部件为代表的工业垃圾也被不断地向发展中国家转移。因此，越来越多的发展中国家开始出现了严重的环境问题，主要集中在以下几个方面。

第一，不合理地利用自然资源。发展中国家的经济增长对资源的依赖性较高。在资源的开采过程中，由于技术水平的限制，粗放式的开采不仅造成了资源的浪费，还对地表造成了破坏。对森林资源的利用方面也存在滥砍滥伐的现象。这些不合理的利用都给自然环境造成巨大的破坏，而这些破坏最终也影响了人类的生存环境。如何协调经济发展和生态环境也是人类社会需要面对的一个重要问题。国际社会开始越来越多地关注环境和生态的问题。

第二，工业废水、废气以及废渣还存在不科学排放的现象。由于技术和资金成本的限制，在发展中国家，一些企业的工业废水、废弃物以及废渣存在不科学排放的现象，这些排放最终又污染了大气、水以及人类的生活环境，严重影响人类的生存。

与发达国家相比，发展中国家的温室气体排放问题尤为严峻，主要体现在两个方面：一方面，发展中国家面临着经济发展的重任，因此在经济的集中发展过程中，对能源的需求比重会不断加大；另一方面，发展中国家的资金、技术能力方面的限制，会让新能源在发展过程中受到一定程度的制约。

根据目前的数据可以发现，与发达国家相比，CO_2 的主要排放地区在亚洲区域，其中的主要原因是发展中国家的经济发展任务比较重。除此之外，发达国家较早意识到温室气体排放对人类所产生的危害，因此较早开始控制能源的使用和推行新能源技术的发展，加之其在经济和技术上的优势，使得新能源技术得到了较好的发展，温室气体的排放也得到了较好的控制。

图 1-2 整理了 1990 年到 2016 年间欧洲、美洲以及亚洲地区的 CO_2 排放量。从图中可以看出，欧洲和美洲国家的 CO_2 排放量已经得到了较好的控制，并且处于逐年下降的趋势。在 1990 年期间，亚洲 CO_2 的排放量为 58.3 亿吨，而美洲和欧洲国家的 CO_2 排放量分别为 60.6 亿吨和 71.8 亿吨。美洲地区 CO_2 的排放量在 2008 年达到了高峰，欧洲地区 CO_2 的排

放量在 2006 年达到了 59.9 亿吨的高峰值，从这两年之后，美洲和欧洲的 CO_2 排放量分别得到了控制。而亚洲地区的 CO_2 排放量在 1994 年超过了欧美国家，达到了 68.5 亿吨，自此之后，亚洲地区 CO_2 的排放量持续上升，到了 2016 年，欧洲 CO_2 的排放量只有 50.5 亿吨，美洲也只是 70 亿吨，但是亚洲地区 CO_2 的排放量却达到了 174.3 亿吨，比欧洲和美洲地区 CO_2 排放量的总和还要多。

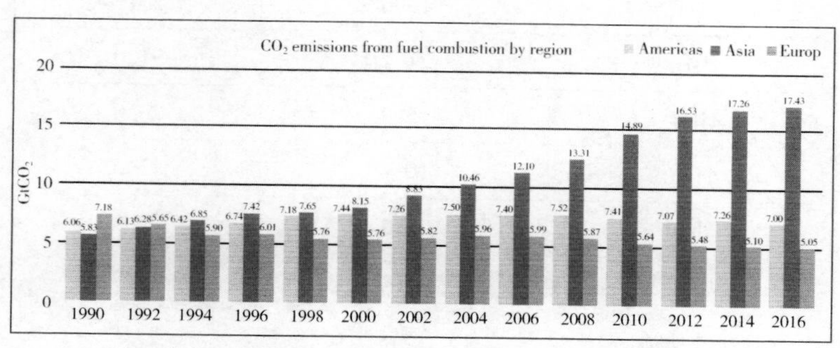

该图表主要根据国际能源署（IEA）中的数据而编制的

图 1－2　亚洲、欧洲和美洲地区来自化石燃料的 CO_2 排放量

从表 1－1 可以看出，在亚洲国家中，中国的 CO_2 排放量最大，其次为印度、日本和韩国。中国 CO_2 排放量在 1990 年为 21.2 亿吨，到了 2016 年已经增长到 91 亿吨，已经是 1990 年排放量的 3 倍还多。在 1990 年到 2016 年间，印度的 CO_2 排放量也从 5.3 亿吨增长到 20.8 亿吨。印度 2016 年 CO_2 排放量是 1990 年排放量的 4 倍。图 1－3 比较了主要的发展中国家和发达国家 CO_2 的排放量。从图中可以看出：发展中国家 CO_2 排放量要比发达国家 CO_2 排放量高得多。不仅如此，发展中

国家 CO_2 排放量一直处于上升的趋势，而发达国家 CO_2 排放量已经基本得到了控制，或者说趋于下降的趋势。所以，从这些图表和数据可以看出，发展中国家 CO_2 的排放问题尤为严重，要想从全球范围内控制 CO_2 排放，解决气候变暖问题，首要是控制发展中国家的 CO_2 排放量。

表 1－1　亚洲地区来自化石燃料的 CO_2 排放量（$GtCO_2$）

国家	1990	2016
中国	21. 2	91. 0
印度	5. 3	20. 8
日本	10. 4	11. 5
韩国	2. 3	5. 9
中亚	5. 4	17. 7
亚洲其他地区	13. 8	27. 5

该表主要根据国际能源署（IEA）中的数据而编制的

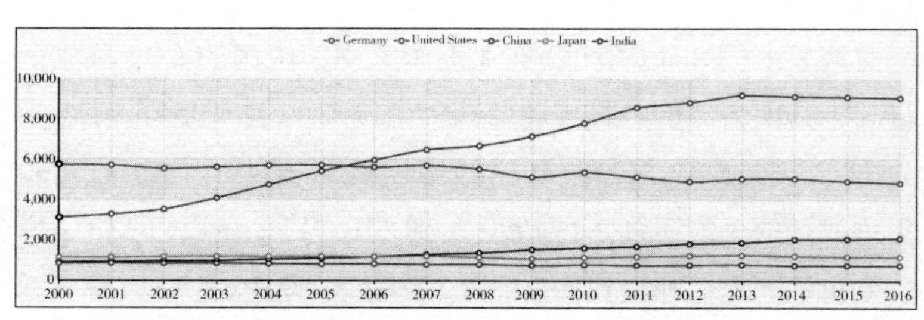

该图表主要依据国际能源署（IEA）中的数据而编制

图 1－3　主要国家 CO_2 排放量整理

1.2.2.1 中国的碳排放情况

以中国的发展为例，随着中国工业化、城镇化进程的加快和消费结构持续升级，能源需求刚性增长，温室气体的排放更是不断增长。20 世纪 50 年代，中国的能源短缺问题比较严峻，因此，更依赖于发展风力和太阳能等。随着中国经济的发展，化石能源逐渐取而代之，但日益难以满足中国快速增长的能源需求，同时也对环境造成了严重的损害，因此，发展清洁能源才是首选之路。

为了实现清洁、节能和低碳的能源体系，中国也颁布了一系列法律，从立法的角度来推动能源的转换。其中比较有代表性的法律有 2005 年颁布的《中华人民共和国可再生能源法》。该法在其总则中就明确指出其目标是“为了促进可再生能源的开发利用，增加能源供应，改善能源结构，保障能源安全，保护环境，实现经济社会的可持续发展。”国家发展和改革委员会就可再生能源的发展等问题提供了一系列政策上的引导，例如可再生能源电价补贴和配额交易方案等，因此，在政策法律的支持下，新能源工业也得到了快速的发展。在 2011 年到 2019 年的 9 年间，中国新能源发电量的占比在不断上升。从图 1-4 可知，世界能源署预测到，2023 年世界新能源的需求占比将增长 30%。

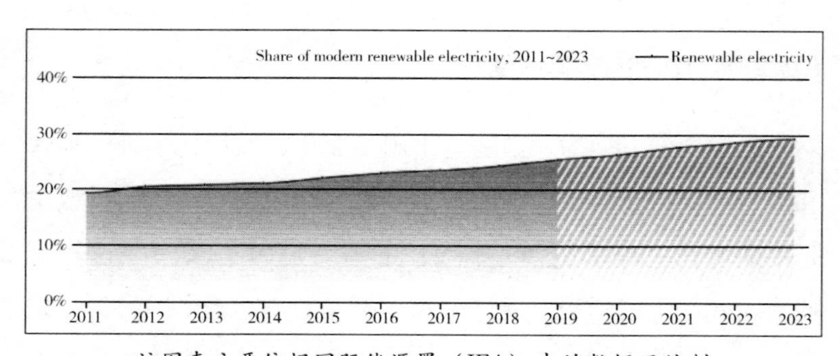

该图表主要依据国际能源署（IEA）中的数据而编制

图 1-4　2011~2023 年世界可再生能源的占比量

2018 年世界能源署报告就曾指出，中国已经成为 CO_2 的主要排放国。环境问题已经成为限制我国经济发展的瓶颈，节能减排既是形势所迫也是经济可持续健康发展的正确决策。

可持续发展的一个重要工作是有效控制和缓解 CO_2 的排放。[①] 工业革命以后，CO_2 在发展中国家的排放急剧升高。2018 年中国能源报告指出，中国的化石燃料消耗将在 2020 年达到历史高峰，2030 年将达到最高值。因此，越来越多的国家开始通过推动可再生电力新能源的方式来实现能源的转换。

中国的能源消耗主要集中在对煤炭的使用上，这占到了中国能源消耗的 70%。图 1-5 可以看到中国的煤炭需求达到 2752 百万吨，是同期美国的 6 倍欧洲的 8 倍。随着经济的持续增长，中国 CO_2 的排放量已经居世界首位，因此中国迫切

① BIgdeli Sadeq Z., Resurrecting the Dead, the Expired Non-Actionable SUbsidies and the Lingering Question of "Green Space", Manchester Journal of International Economic Law, Vol. 2, 2011, 15-38.

需要实现能源的转型，实现低碳、节能和减排，促进经济的可持续健康发展。

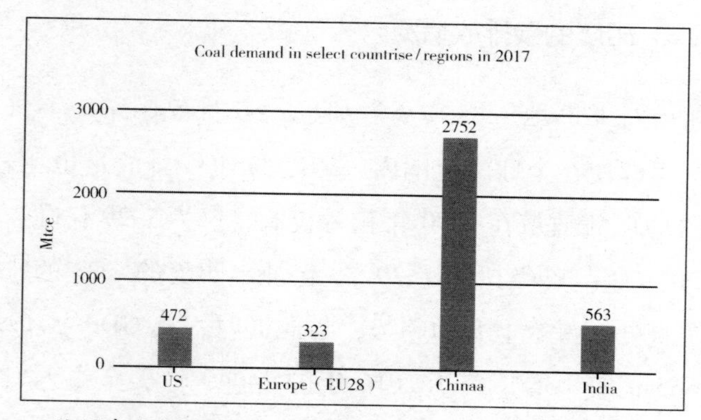

该图表数据主要根据能源署（IEA）的数据进行编制

图 1－5　主要国家/地区 2017 年的煤炭需求量

随着环境问题的不断加剧，中国已经意识到能源转型的重要性。通过太阳能、风能、生物能以及地热能等新能源是实现能源的清洁的一个重要的方式，① 推动可持续能源的发展是我国的一个重要任务。中国预计在 2020 年实现非化石燃料消费占比提升 15% 目标②的同时，将 CO_2 的排放量减少至 2005 年

① Bigdeli Sadeq Z.，Resurrecting the Dead，The Expired Non-Actionable Subsidies and the Lingering Question of "Green Space"，Manchester Journal of International Economic Law，Vol. 2，2011，15 －38.

② Schuman Sara，Lin Alvin，China's Renewable Energy Law and its Impact on Renewable Power in China：Progress，Challenges and Recommendations for Improving Implementation，Energy Policy，Volume 51，2012，pp. 89 －109.

水平的40%～45%。[1] 2019年，国家能源局发展规划司也提出了“十四五”能源发展规划，助力清洁能源的发展。

1.2.2.2 印度的碳排放情况

印度是亚洲地区的另一个CO_2主要排放国家，不仅在亚洲地区，即使在全球的范围内，印度的CO_2排放量也比较大。印度的CO_2排放量在1990年相对较低，仅为5.29亿吨，但是到了2016年，已经达到了20.76亿吨。印度的CO_2的排放量也是一直处于一个上升的趋势，与此同时，其GDP从1990年的46665亿美金增长到了2016年的24649亿美金，人口也从1990年的8.7亿增长到2016年的13.24亿。可见，印度碳排放量一直持续增长的一个主要原因就是经济增长的推动作用，另一方面也有人口增长的诱因存在。

1.3 气候变化的不利影响

西方发达国家由于较早进入工业化进程，因此，对自然资源的过度开采以及人类活动对环境所造成的破坏也被较早地发现。频频发生的环境公害事件也已经向人类敲响了警钟，因气

① Schuman Sara, Lin Alvin, China's Renewable Energy Law and its Impact on Renewable Power in China: Progress, Challenges and Recommendations for Improving Implementation, Energy Policy, Volume 51, 2012, pp. 89 - 109.

候变化而出现的全球变暖，更是给人类和动植物的生存条件带来消极的影响，而气候变暖对人类以及动植物甚至人类赖以生存的环境都带来改变甚至是消极的影响。

全球变暖产生的最直接影响就是夏季的异常高温天气，但是冬天的寒冷天气却不是非常明显。根据美国相关机构的分析显示，2018 年全球地表温度比 1951 年至 2018 年的平均温度要高。① 这些异常的气候必然会给人类和动植物造成困扰，例如，高温必然会使土壤里面的湿度降低，导致干旱的发生。2015 年美国宇航局在其研究中就曾指出，美国西南部和中原地区的干旱现象极为明显而且这种干旱还会长时间地持续下去。②

根据近十年的记录显示，全球地表的平均温度要比工业化之前高 0.91℃ ~0.96℃，欧洲大陆地区的平均气温要比工业化前高出 1.6℃ ~1.7℃，因此从 2015 年开始，世界已经进入了最热的几年，而且预计到 21 世纪末，欧洲年平均气温的升高将会超过世界的平均水平。③ 干旱的持续，随之而来的就会是沙尘暴等恶劣天气。

全球变暖也会对生态环境造成破坏，进而破坏生物多样

---

① Graphic：Global warming from 1880 to 2018，https://climate. nasa. gov/climate_ resources/139/graphic-global-warming-from-1880-to-2018/（accessed on November 27，2019）

② Megadroughts in U. S. West Projected to be Worst of the Millennium，https://svs. gsfc. nasa. gov/cgi-bin/details. cgi？aid =4270（accessed on November 27，2019）

③ Global and European temperature，https://www. eea. europa. eu/data-and-maps/indicators/global-and-european-temperature-9/（assessment accessed on November 27，2019）

性、致使土壤质量下降甚至出现沙漠化，这些也会给农业带来消极的影响，例如欧洲环境署就曾发表报告指出，随着气候变化的负面影响不断加剧，欧洲部分地区的农作物和牲畜出现了减产现象，而极端天气的出现严重影响了农业产值。① 美国也曾做过类似的调查，研究指出自 20 世纪 80 年代以来，在美国的西部地区无霜期出现加长趋势，这势必会导致生长期的延长，会影响到生态系统和农业的发展。②

全球变暖还会导致冰川的融化，使得海平面上升，对于海洋生物和临海区域都会产生影响。③ 海平面上升的原因除了冰川的融化之外，海水变暖膨胀也会导致海平面的上升。自 19 世纪以来，欧洲所有的海洋都存在变暖的趋势，特别是从 20 世纪 70 年代开始，海洋变暖有了加快的趋势，虽然升温速度比陆地要慢一些，但是这种气温的上升会持续下去。④

受冰川融化和海水变暖的影响，海平面上升的问题也逐步显现。欧洲环境署曾指出，2018 年的海平面比 20 世纪初高出约 20 厘米，而且海平面不仅仅在持续上升，而且上升的速度

---

① Climate change threatens future of farming in Europe, https://www.eea.europa.eu/highlights/climate-change-threatens-future-of (accessed on November 27, 2019)

② The Effects of Climate Change, https://climate.nasa.gov/effects/ (accessed on November 27, 2019)

③ 全球气候变暖，https://baike.baidu.com/item/全球气候变暖/1034504? fr = aladdin，（最后访问时间为 2019 年 11 月 27 日）

④ Sea surface temperature, https://www.eea.europa.eu/data-and-maps/indicators/sea-surface-temperature-3/assessment (accessed on November 27, 2019)

还在不断加快，据 1993 ~ 2018 年期间的测量，海平面上升的平均速度约为 3.3 毫米/年。[1] 随着海平面的不断上升和海洋的持续变暖，不仅影响到了沿海区域和国家的生存环境，对于一些海洋生物，例如北极熊和海龟等的生活环境也产生了影响。

全球变暖还会带来的另一个危害就是降水量的增加。全球变暖所引起的气候变化强降水时间在持续增多，而随着强降水的增多，海平面的不断上升，必然会导致许多地区的洪水泛滥。

① Global and European sea-level rise, https://www.eea.europa.eu/data-and-maps/indicators/sea-level-rise-6/assessment (accessed on November 27, 2019)

第二章>>>

全球应对气候变化的措施

工业化极大地改变了社会生产力，使人类利用自然的效率不断提高，人类在对自然的利用过程中，创造了巨大的社会财富，但是同时，也给环境造成了许多不可逆的破坏，如果不对其进行干预，任其持续下去，极端气候反过来会给人类造成更大的经济损失。能源消耗所产生的温室气体占了全球温室气体排放量的一半以上，因此，解决此问题的一个关键就是能源转型，而在这一过程中，可再生能源的发展就成为应对气候变化的关键。

可再生能源在全球的能源使用比重较低，自 20 世纪末以来可再生能源才开始得到快速增长。为了向低碳社会进行转变，所有国家都必须做出努力，其中一个方法就是减少并逐步取消对重污染矿物燃料的补贴，另一个较为可行的办法就是推动清洁能源的发展，减少温室气体的排放，进而实现能源的安全和社会的可持续发展。在这一背景下，国际社会和各国政府都签署并出台了多个政策措施来应对环境问题。

2.1 国际上应对气候变化的措施

全球变暖是一个国际议题，制定缓解气候变化的能源政策和采取相应的行动也是每个国家都要参与的[①]，因而产生了一系列比较有代表性的国际组织。其中，国际能源机构就是一个专门协调各成员国能源政策，减少对传统能源依赖的重要机构。该机构成立于1974年，其成员国的能源消耗占到全球能源消耗的一半以上。该机构也与非洲联盟、亚太经合组织以及亚洲银行等在能源安全、可再生能源发展以及化石燃料改革等方面签署了合作协议。

除此之外，联合国环境规划署（United Nations Environment Programme，简称UNEP）也是应对全球环境问题、在环境层面推动社会可持续发展的国际机构，气候变化问题也是该机构的主要工作范畴。

为了更好地应对气候变化，缓解环境问题给人类带来的严峻挑战，国际社会也颁布了一系列与环境保护相关的多边环境条约。例如，1972年的《人类环境宣言》（United Nations de-

① Rafael Leal-Arcas, Andrew filis, Legal Aspects of the promotion of Renewable Energy Within the EU and in Relation to the EU's Obligations in the WTO, Queen Mary University of London, School of Law Legal Studies Research Paper NO. 179, 2014.

claration of the human environment)、1985 年的《保护臭氧层维也纳公约》（Vienna Convention for the protection of the ozone lay）及《蒙特利尔破坏臭氧层物质管制议定书》（Montreal Protocol on Substances that Deplete the Ozone Layer 简称《蒙特利尔议定书》)、《联合国气候变化框架公约》（United Nations Framework Convention on Climate Change，简称 UNFCCC）、《〈联合国气候变化框架〉京都议定书》以及《巴黎协定》(The Paris Agreement）等。

2.1.1 《联合国人类环境会议宣言》

《联合国人类环境会议宣言》简称《人类环境宣言》（以下简称《宣言》)，是 1972 年在斯德哥尔摩通过的旨在保护人类环境的多边环境条约。

该《宣言》已经意识到在科技技术迅猛发展的今天，人类活动不仅能够利用自然而且已经开始改造自然。而人类的这些活动，不仅使其经济生活得到了较大的改善，也给其赖以生存的环境造成了一定的消极影响，这些消极影响甚至是其所获得的经济效益无法修复的。因此，在其共同原则中就指出：“为了这一代和将来的世世代代的利益，地球上的自然资源，其中包括空气、水、土地、植物和动物，特别是自然生态类中具有代表性的标本，必须通过周密计划或适当管理加以保护。”①

①《联合国人类环境会议宣言》，https://baike. baidu. com/item/联合国人类环境会议宣言/6726884? fr = aladdin（最后访问期限 2019 年 12 月 2 日）

我们已经认识到，人类活动给环境造成的消极的影响，通过一定的努力是可以减缓或者消除的，所以为了我们当代人和我们的子孙后代，环境保护成了全世界人民和各国政府的共同责任，需要国家与国家之间进行相应的合作，共同完成环境保护的重任。

《宣言》也意识到，在发展中国家，经济和社会的发展是造成环境问题的主要因素之一。因此，在给各缔约国提出要求的同时，也考虑到了发展中国家的特殊情况，在给予发展中国家特殊待遇的同时，还给予技术和资金上的援助，以克服其由于经济基础情况和自然原因所导致的环境破坏问题；在缓解环境问题的过程中，给予发展中国家相应的指导，并明确指出确保“初级产品和原料有稳定的价格和适当的收入是必要的”。[①] 环境的改善不能够以发展中国家的发展作为代价，因此要稳步改善，制定合适的政策，以应对因环境保护而对经济发展所造成的消极后果。

2. 1. 2 《保护臭氧层维也纳公约》

在工农业高速发展的现代社会，人类活动向大气中排放了大量的废气，这些气体中有些物质例如氟氯烃，会给臭氧层造成极大的破坏。臭氧层是地球的一个保护层，在其遭受破坏

---

①《联合国人类环境会议宣言》，https://baike. baidu. com/item/联合国人类环境会议宣言/6726884? fr = aladdin（最后访问期限 2019 年 12 月 2 日）

后，紫外线的辐射就会加强，进而对地球的气候、植物的生长以及人类的健康造成消极的影响。随着气候问题的不断恶化，国际社会开始采取相应的行动来保护臭氧层。

其中，1985 年在维也纳签署的《保护臭氧层维也纳公约》（以下简称《公约》）就是在联合国环境规划署倡导下签署的一个保护臭氧层的国际环境公约。该公约在 1988 年正式生效。《公约》中明确指出大气臭氧层的破坏会对人类的生活环境造成破坏，呼吁各国政府，通过合作保护臭氧层，减少破坏臭氧层气体的排放。①

《公约》的第一条就明确了“不利影响”的概念，即“自然环境或生物区系发生的，对人类健康或自然的和受管理的生态系统的组成、弹性和生产力或对人类有益的物质造成有害影响的变化，包括气候的变化。”② 除此之外，《公约》也明确了缔约国在臭氧层保护中的一般义务。③ 并要求缔约国通过国内立法和行政措施，以及国际间合作等方式来实现其减少臭氧层

①《保护臭氧层维也纳公约》在其前言中指出“各国具有按照其环境政策开发其资源的主权权利，同时亦负有责任，确保在它管辖或控制范围内的活动。不致对其他国家的环境或其本国管辖范围以外地区的环境引起损害，考虑到发展中国家的情况和特殊需要”。

② 同上，第 1. 2 条。

③ 同上，第 2. 1 条。各缔约国应依照本公约以及它们所加入的并且已经生效的议定书的各项规定采取适当措施，以保护人类健康和环境，使免受足以改变或可能改变臭氧层的人类活动所造成的或可能造成的不利影响。

破坏气体排放的目的。[1] 在法律、科学和技术方面的合作不仅提到了对发展中国家的特殊照顾，还提出了有效的合作途径。[2]

2.1.3 《蒙特利尔议定书》

继《保护臭氧层维也纳公约》之后，1987 年在加拿大蒙特利尔签署的《蒙特利尔议定书》（以下简称《议定书》）是另一个针对臭氧层破坏而推行的国际环境保护公约，并在 1989 年正式生效。该《议定书》是在充分考虑到科学知识、科技条件以及经济发展等各方面的因素的条件下，最终提出的有效保护臭氧层措施的多边环境协议。

《议定书》的保护措施的主要目标是通过相应的控制措施

---

①《保护臭氧层维也纳公约》，第 2.2 条。为此目的，各缔约国应在其能力范围内：通过有系统的观察、研究和资料交换从事合作，以期更好地了解和评价人类活动对臭氧层的影响，以及臭氧层的变化对人类健康和环境的影响；采取适当的立法和行政措施，从事合作，协调适当的政策以便在发现其管辖或控制范围内的某些人类活动已经或可能由于改变或可能改变臭氧层而造成不利影响时，对这些活动加以控制、限制、削减或禁止；从事合作，制定执行本公约的商定措施、程序和标准，以期通过议定书和附件；同有关的国际组织合作，有效地执行它们加入的本公约和议定书。

② 同上，第 4.2 条。各缔约国应从事合作，在符合其国家法律、条例和惯例及照顾到发展中国家的需要的情形下，直接或通过有关国际机构促进技术和知识的发展和转让。这种合作应特别通过下列途径进行：方便其他国家取得备选技术；提供关于备选技术和设备的资料。并提供特别手册和指南；提供研究工作和有系统的观察所需的设备和设施；科学和技术人才的适当训练。

和贸易限制措施来实现臭氧层消耗物质排放的减少，进而消除臭氧层破坏对人类健康和环境所造成的不利影响。《议定书》中明确了受控物质的种类、控制的时间以及相应的评估机制等。《议定书》中还对实现其目标的相应控制措施做出了相应规定，明确指出“任何缔约方，倘其附件 A 第一类物质 1986 年生产的计算数量低于 25 千吨，为了工业合理化的目的，得将其生产中超过第 1、3 和 4 款规定限额的部分转移给任意缔约方，或从任一缔约方接受此种生产，但这些缔约方生产总共的计算数量不得超过按照本条规定的生产限额。”不仅如此，《议定书》中还有 2A 条至 2H 条涉及氟氯化碳、四氯化碳、氟氯烃等的相关规定，而且也明确指出，其可以采取比议定书更为严厉的措施。

《议定书》第 4 条是有关“对非缔约方贸易的控制”。对非缔约方贸易的控制主要通过贸易限制的措施来实现，例如其第 1 款就规定“每一缔约方应禁止从非本议定书缔约方的任何国家进口附件中的受控物质。”只是针对不同的附件受控物质，其限制的起始时间会有差异。例如，附件 A 受控物质是从 1990 年 1 月 1 日起开始受控，附件 B、E 和附件 C 的第二类等受控物质是在条款生效之日起一年之内，而附件 C 的第一类产品则是从 2004 年 1 月 1 日起受控。

第 4 条的第 5 款和 6 款也提出尽可能不向“非议定书缔约方的任何国家出口生产及利用附件 A、B、C 和 E 所列受控物质的技术”，以及“不应为了向非议定书缔约方的国家出口那些有助于生产附件 A、B、C 和 E 所列受控物质的产品、设备、工厂或技术而提供新的津贴、援助、信贷、担保或保险方案”。议定书在制定的同时也对发展中国家的实际情况予以考虑，其第9条的规定中鼓励缔约方从事合作，并要求其在合法合规的前提下，考虑到发展中国家的客观需要。

2.1.4 《联合国气候变化框架公约》

在应对气候变化的多边环境条约中，比较有代表性就是联合国大会在1992年通过的《联合国气候变化框架公约》（以下简称《公约》）。该公约在联合国环境与发展大会签署，并于1994年生效，有150多个国家参与，且具有法律约束力。该公约的第2条就明确指出其主要目标是“将大气温室气体的浓度稳定在防止气候系统受到危险的人为干扰的水平上”。[①]同时，也明确地将这一水平限制到“足以使生态系统能够自然地适应气候变化、确保粮食生产免受威胁并使经济发展能够可持续地进行的事件范围内实现”。[②]

该《公约》的第3条明确了应对气候变化问题，所采取的措施应该遵循的基本原则。公约要求其缔约方承担“共同但有区别的责任”，因此，在其第3条的第1款和第2款中，分别对发达国家和发展中国家给予区别对待，在鼓励发达国家积极应对气候变化问题的同时，也考虑到发达国家和发展中国家在经济和技术条件等方面相关的具体情况的不同，给予发展

---

①《联合国气候变化框架公约》，第2条。
② 同上。

中国家特殊的照顾。[①]《公约》也提出应当“采取预防措施，预测、防止或尽量减少引起气候变化的原因并缓解其不利影响。”同时，《公约》也鼓励缔约方进行合作，进而推动发展中国家的发展，使其能够较好地应对气候变化问题。[②] 需要注意的是，第5款也明确指出气候变化的相关应对措施：“不应当成为国际贸易上的任意或无理的歧视手段或者隐蔽的限制。”[③]

该《公约》在其第4条中列明了发达国家和发展中国家为了实现本公约的目标所作出的相应承诺。例如，信息公布的承诺、实施相应的措施、技术的应用和转让等。其中，公约附件一中所列的国家要做好带头作用，应制定相应的政策和措施来达到限制温室气体的排放，进而达到缓解气候变化的目的。[④] 第4条承诺中也明确了发达国家应对气候变化的带头作用，其不仅要降低本国温室气体的排放，还要在技术和资金上对发展

---

①《联合国气候变化框架公约》，第3.1、第3.2条。《公约》的第3条中，对于缔约方如何实现公约的目标和如何采取相应行动，进行了指导。其3.1条指出：“各缔约方应当在公平的基础上，并根据它们共同但有区别的责任和各自能力，为人类当代和后代的利益保护气候系统。因此，发达国家缔约方应当率先对付气候变化及其不利影响。”其3.2条指出：“应当充分考虑到发展中国家缔约方，尤其是特别易受气候变化不利影响的那些发展中国家缔约方的具体需要和特殊情况，也应当充分考虑到那些按本公约必须承担不成比例或不正常负担的缔约方，特别是发展中国家缔约方的具体需要和特殊情况。”

② 同上，第3.5条。各缔约方应当合作促进有利的和开放的国际经济体系，这种体系将促成所有缔约方特别是发展中国家缔约方的可持续经济增长和发展，从而使它们有能力更好地应付气候变化的问题。

③ 同上。

④ 同上，第4.1条。

中国家给予相应的帮助。[①] 例如，第4条3款就明确指出附件二所列的发达国家缔约方和其他发达缔约方应提供发展中国家缔约方所需要的资金，包括技术转让的资金。[②] 第4条5款中指出“发达国家缔约方和其他发达缔约方应采取一切实际可行的步骤，酌情促进、便利和资助向其他缔约方特别是发展中国家缔约方转让或使它们有机会得到无害环境的技术和专有技术，以使它们能够履行本公约的各项规定。”[③]《公约》列出了要给予特别关注的国家的同时,[④] 也要充分考虑到最不发达国家的具体情况,[⑤] 以及容易受到气候变化不利影响的发展中国

①《联合国气候变化框架公约》，第4.2条。发达国家是在带头依循本公约的目标，改变人为排放的长期趋势，同时认识到至本10年末使二氧化碳和《蒙特利尔议定书》未予管制的其他温室气体的人为排放回复到较早的水平，将会有助于这种改变，并考虑到这些缔约方的起点和做法、经济结构和资源基础方面的差别、维持强有力和可持续经济增长的需要、可以采用的技术以及其他个别情况，又考虑到每一个此类缔约方都有必要对为了实现该目标而作出公平和适当的贡献。这些缔约方可以同其他缔约方共同执行这些政策和措施，也可以协助其他缔约方为实现本公约的目标特别是本项的目标做出贡献。

② 同上，第4.3条。

③ 同上，第4.5条。

④ 同上，第4.8条。公约指出气候变化和采取的行动会对一些国家造成一定的消极影响，因此应对与这些国家给予具体的需要和关注，并列明了需要关注的国家类别：小岛屿国家；有低洼沿海地区的国家；有干旱和半干旱地区、森林地区和容易发生森林退化的地区的国家；有易遭自然灾害地区的国家；有容易发生旱灾和沙漠化的地区的国家；有城市大气严重污染的地区的国家；有脆弱生态系统包括山区生态系统的国家；其经济高度依赖于矿物燃料和相关的能源密集产品的生产、加工和出口所带来的收入，和/或高度依赖于这种燃料和产品的消费的国家；和内陆国和过境国。

⑤ 同上，第4.9条。

家的具体情况。①

《联合国气候变化框架公约》从国际的层面，对其成员国应对气候变化问题，在实施相应的国内政策和措施时给予了一定的指导，但是该公约存在的一个重要问题就是其约束力不强，虽然明确了发达国家和发展中国家在应对气候变化问题中的责任，但是并没有一个切实可行的目标。其自身的不足也使得该公约在应对气候变化问题时所起的作用大打折扣。

2.1.5 《〈联合国气候变化框架公约〉及京都议定书》

1997年，在日本京都召开了《联合国气候变化框架公约》的第三次缔约方大会。《京都议定书》就是在此次大会上签署的。《京都议定书》与《联合国气候变化框架公约》相比，有了一定的进步。《联合国气候变化框架公约》明确了其缔约国在应对气候变化中的责任，而《京都议定书》则明确了在应对气候变化中应采取的措施。例如，该议定书的第2条就通过列举的方式指出了其缔约国可以采取的政策和措施，例如提升能源效率、促进和推动可再生能源或者有益于环境的先进技术的研发和使用、实施财政鼓励和补贴等。其次，《京都议定书》

①《联合国气候变化框架公约》，第4.10条。公约指出：应“考虑到其经济容易受到执行应付气候变化的措施所造成的不利影响之害的缔约方、特别是发展中国家缔约方的情况。这尤其适用于其经济高度依赖于矿物燃料和相关的能源密集产品的生产、加工和出口所带来的收入，和/或高度依赖于这种燃料和产品的消费，和/或高度依赖于矿物燃料的使用，而改用其他燃料又非常困难的那些缔约方。”

的减排目标更加明确，提出了2008年到2012年第一个排放量限制和削减承诺期里实现相关气体的排放量削减5%。

《京都议定书》提出了有效的合作模式，通过对应对气候变化的无害环境技术和知识的转让以及传播使得发展中国家有机会获得相应的知识和技术，还加强了发展中国家的人才培养，同样也规定了向发展中国家实施技术转让和提供资金的帮助。

除此之外，该议定书还在其第12条中规定了清洁发展机制，其目的是为了“协助部分缔约方实现可持续发展和增进《公约》的最终目标，以及实现排放量限制和削减承诺”。议定书还指出应“通过适当且有效的程序和机制用以断定和处理不遵守本议定书的情势”，使得议定书具有了约束力。

议定书中建立了清洁发展机制（emission trading scheme）、联合履行机制（Joint implementation）和国际排放贸易机制（clean development mechanism）三种灵活的碳排放交易机制，以此来减少碳排放量。其中的联合履行机制和国际排放贸易机制是指应对有关发达国家的减排交易情况，允许发达国家之间转让相应的减排指标；而清洁发展机制是指发达国家通过资金和技术的方式与发展中国家进行合作，从而在全球范围内实现碳排放的减少。

2.1.6 巴黎协定

《巴黎协定》是2015年在巴黎气候大会上通过的，也是继《京都议定书》后第二份有法律约束力的气候协议，其中包括了2020年以后的温室气体减排行动。该协定中规定了有关碳排放的目标，即“把全球平均气温升幅控制在工业化前水平以上低于2℃之内，并努力将气温升幅限制在工业化前水平以上1.5℃之内。”中国也在2016年加入了《巴黎气候变化协定》。

该协定也考虑到不同国家之间的基本情况，从公平的角度出发，实施“共同但有区别的责任”原则，将缓解气候问题的义务扩大到所有国家。为了实现协定中规定的目标，对发达国家的要求首先是要实现绝对的减排目标，[①] 其次也要求发达国家向发展中国家缔约方提供支助，加大它们的行动力度进而帮助发展中国家实现绝对减排或限排目标。[②] 发展中国家则要求根据自己的实际情况逐步实现绝对减排或限排目标，[③] 而对于最不发达国家和小岛屿发展中国家的要求则是“可编制和通报反映它们特殊情况的关于温室气体低排放的减缓成果”。[④] 这些目标的设置具有一定的可行性，进而能够有效助力全球温室气体的减缓排放。

该协定第6条的有效实施可以说是实现低碳排放目标的一

---

①《巴黎协定》，第4.3条。
② 同上，第4.4条。
③ 同上。
④ 同上，第4.6条。

个关键。第6条提出了资源合作的原则,[①] 除此之外，该协定还支持建立一个监督机构，使得这一工作在指定治理机构的监督下实施，从而提高协定的有效性，进而实现本协定的目标。[②] 该机构的建立能够有效提升该协定的有效性。与《联合国气候变化框架公约》以及《京都议定书》一样，《巴黎协定》依然比较重视国际合作的重要性，因此明确指出“必须考虑发展中国家缔约方的需要，特别是对气候变化不利影响特别脆弱的发展中国家的需要。”[③]

协定要求缔约方应在适应[④]和减缓两方面加强国际间合作，不仅给出了具有可行性的指导意见，还要求发达国家提供

①《巴黎协定》，第6.2条提出，“缔约方在自愿的基础上采取合作方法，并使用国际转让的减缓成果来实现国家自主贡献，就应促进可持续发展，确保环境完整和透明，包括在治理方面，并应运用稳健的核算，以主要依作为《巴黎协定》缔约方会议的《公约》缔约方会议通过的指导确保避免双重核算。”

② 同上，第6.4条中提出建立一个监督机构其目的主要是为了a）促进缓解温室气体排放，同时促进可持续发展；b）奖励和便利缔约方授权下的公私实体参与减缓温室气体排放；c）促进东道缔约方减少排放量，以便从减缓活动导致的减排中受益，这也可以被另一缔约方用来履行其国家自主贡献；d）实现全球排放的全面减缓。

③ 同上，第7.6条。

④《巴黎协定》在其第7.7条中要求缔约方应当加强它们在增强适应行动方面的合作，在如何行动上给出如下建议：a）交流信息、良好做法、获得的经验和教训，酌情包括与适应行动方面的科学、规划、政策和执行等相关的信息、良好做法、获得的经验和教训；b）加强体制安排，包括《公约》下服务于本协定的体制安排，以支持相关信息和知识的综合，并为缔约方提供技术支助和指导；c）加强关于气候的科学知识，包括研究、对气候系统的系统观测和预警系统，以便为气候服务提供参考，并支持决策；d）协助发展中国家缔约方确定有效的适应做法、适应需要、优先事项、为适应行动和努力提供和得到的支助、挑战和差距，其方式应符合鼓励良好做法；e）提高适应行动的有效性和持久性。

资金的支持。[1] 在有关减少温室气体的技术方面，则提出了缔约方之间如何实现技术开发和转让的方法。由此可见，与之前的协定相比，《巴黎协定》的相关措施更具有可行性，机制较为健全，也使其更具有效性、科学性和约束性。

2.1.7 《世界环境公约（草案）》

继《巴黎协定》之后，联合国大会又决议通过了《世界环境公约》（以下简称《公约》）的谈判。该《公约》不仅充分意识到环境面临的严峻威胁、也考虑到了气候变化问题的严峻性以及维护地球生物多样性的重要性等。面对这一现状，《公约》提出“需要所有国家根据共同但有区别的责任和各自能力，并鉴于其国情最大限度地进行合作的重任和各自能力，并鉴于其国情最大限度地进行合作的责任和各自能力，并鉴于其国情最大限度地进行合作参与事宜、有效的国

---

①《巴黎协定》第9条的第3款和第4款中分别对发达国家对发展中国家的资金支持提出了要求。第9条第3款规定：“作为全球努力的一部分，发达国家缔约方应继续带头，从各种大量来源、手段及渠道调动气候资金，同时注意到公共基金通过采取各种行动，包括支持国家驱动战略而发挥的重要作用，并考虑发展中国家缔约方的需要和优先事项。对气候资金的这一调动应逐步超过先前的努力。”第9条第4款则对提供规模更大的资金源的要求中指出：“应旨在实现适应与减缓之间的平衡，同时考虑国家驱动战略以及发展中国家缔约方的优先事项和需要，尤其是那些对气候变化不利影响特别脆弱和受到严重的能力限制的发展中国家缔约方，如最不发达国家，小岛屿发展中国家的优先事项和需要，同时也考虑为适应提供公共资源和基于赠款的资源的需要。”

际行动。”①

《公约》进一步丰富了可持续发展的内涵要求，不仅要“既满足当代人需求，又不损害后代人满足自身需求之能力”，而且需要“尊重地球生态系统的平衡和完整性”②。不仅如此，在其第3条中还将可持续发展纳入政策制定中去，并对如何实施可持续发展做出了相应的规定。③ 在《公约》的实施原则中，对可持续发展的要求也有了比较明确的体现。④

《公约》在对于环境问题的预防、环境标准的明确和相关实施原则以及环境损害的修复等方面都作出了比较明确的规定。例如，《公约》的第5条就对预防环境损害提出明确要求。⑤ 在第6条的谨慎原则中就指出“如果存在对环境造成严

---

①《世界环境公约（草案）》，http://www.sohu.com/a/231718824_100001695（最后访问日期2019年12月2日）

② 同上。

③ 同上。《公约》明确了各缔约方应如何将可持续发展纳入国家发展政策中的任务要求。第3条规定“各缔约方应将保护环境的要求纳入国家、国际政策与活动的制定和实施当中，以推进气候失序应对、海洋保护和生物多样性保护等工作”；《公约》还对如何推行可持续发展做了要求，并指出“各方应推动环保、可持续的公共扶持政策和生产、消费方式。”

④ 同上，《公约》的第4条指出“对环境有可能造成影响的决策，应以代际公平原则为指引，当代人应该确保其决策和行为不损害后代人满足自身需求的能力。”

⑤ 同上，第5条对环境预防提出的措施要求如下：各缔约方应确保在其管辖区域范围内或受其控制的活动不会对其他缔约方领土或国家管辖范围以外区域的环境造成损害；各缔约方采取必要措施，在作出批准或启动有可能对环境造成重大负面影响的项目、活动、计划或方案的决定之前先完成环境影响评估；各国应根据其勤勉义务，密切监督所有上述其批准或启动的项目、活动、计划或方案所产生的后续影响。

重或不可逆损害的风险，不能以尚无确凿科学证据为由推迟采取预防环境损害的有效、恰当措施。”第7条中提出了对于环境损害的修复要求和紧急情况的告知义务；在第16条中提出了保护和恢复生态系统多样性，进而能够较好应对环境问题。①《公约》对于环境标准制定和有效性等问题都提出了相应的要求。第15条对于标准的有效性提出要求，即“各缔约方有义务通过有效的环保标准，并确保这些标准的实施，保证标准得到公平、有效的执行。”第17条则要求各缔约方及其国内机构在标准的制定上要与“现行法律保障之环境保护整体水平”相一致。②

《公约》在意识到国际合作重要性的同时也在其第10条和14条中考虑到公众、非国家行为主体和国内机构在国际环境中的重要作用，并鼓励这些组织在环境保护中发挥积极的作用。③ 其中第10条重点强调了“在政府部门的决策、措施、计划、方案、活动、政策和标准的制定上”享有充分的参与权，体现公众参与的重要性、各个国家的不同发展情况，因此在遵守“共同但有区别的责任”的同时，也强调了对于发展

---

①《世界环境公约（草案）》，《公约》第16条提出：“各缔约方采取必要措施，以保护和恢复生态系统及人类群体的多样性，使其在面对环境损害、扰动时有抵御、恢复和适应的能力。”

② 同上，《公约》第17条规定“各缔约方及各缔约国的国内机构不批准或通过会降低现行法律保障之环境保护整体水平的活动和标准。”

③ 同上，《公约》第14条规定“各缔约方，鉴于非国家行为主体和国内机构，包括民间社会、经济主体、城市和地区等在保护环境中发挥着至关重要的作用，采取必要措施鼓励其实施本公约。”

中国家，特别是最不发达国家以及环境脆弱国家的具体情况。①

为了提高其有效性，《公约》还建立了一个专门的监督机制，以确保各缔约方能够严格遵守相应的规定，推动环境问题的有效实施，② 同时还强调了对于环境问题的治理上采取“谁污染谁付费”的原则。③

综上所述，国际社会一直都比较关注气候变化问题，并不断地制定和完善相应的措施来推动环境问题的改善和治理。纵观其发展过程，最初的《联合国人类环境会议宣言》是国际社会对环境问题的一个共识，提出了应对环境问题的一些基本原则。其后的《保护臭氧层维也纳公约》和《蒙特利尔议定书》重点关注了对于臭氧层的保护，及其所需要采取的相应措施。随着气候变化问题不断地受到国际社会的关注，国际社会制定了《联合国气候变化框架公约》《京都议定书》以及《巴黎协定》来应对气候变化所带来的环境问题。近期的《世界环境公约（草案)》虽然并不是最终的确定版本，但是其中的相关条款也借鉴了之前所实施的国际环境保护公约的内容，

---

①《世界环境公约（草案)》,《公约》第20条规定“发展中国家，特别是最不发达国家以及环境最脆弱国家，其特殊情况和需求应该受到特别关注；鉴于各国国情不同，共同但有区别的责任和各自能力应在有充分依据时得以遵守。”

② 同上，《公约》第21条规定“应建立监督机制，为本公约条款的实施提供便利，推动公约的遵守。”

③ 同上，《公约》第8条要求“各缔约方确保，污染以及其他任何环境扰动或损害的预防、减缓和修复成本应尽可能由导致上述污染、扰动或损害的方面来承担。”

并对其进行了完善和改革。①

虽然环境问题已经不断被国际社会关注，在各环境公约中，对于各缔约方当事人的权利和义务的规定也都有了较为明确的规定。然而这些环境公约有一个很重要的问题在于其制度的义务性比较明显但是其约束力不强，因此必然会影响到公约预期效果的实现。虽然在例如《巴黎协定》等公约中都提到了设立一个监管机制，但是缺乏强制性。《世界环境公约（草案）》虽然想在公约的强制性上有所突破，但是，从其规定上来看，依然没有达到其预期的效果。例如，《公约（草案）》为了公约条款的实施和公约的有效遵守，提出建立监督机制的要求，并指出该机制应该由一个独立专家委员会构成，但是委员会的运作方式却是"透明、不指责和不惩罚"②。

气候问题具有滞后性、全球性和长期性等特点，其问题的解决需要发展中国家和发达国家之间的合作，需要发达国家在资金和技术上给予一定的支持和援助。这些在有关环境的国际公约中都有体现。虽然对发达国家在全球环境问题的应对上提出了较高的要求，赋予了较多的责任和使命，虽然多边环境条约中提出了"共同但有区别的责任原则"，但是在实践中，如

---

① 杜群，郭磊．全球环境治理的国际统一立法走向——《世界环境公约（草案）》观察［J］．上海大学学报（社会科学版），2018，35（05）：1－12．

②《公约》草案的第21条规定"应建立监督机制，为本公约条款的实施提供便利，推动公约的遵守"；还规定了机制构成和运作方式，即："该机制由一个独立专家委员会构成，其主要任务是为公约的实施提供便利。委员会以透明、不指责、不惩罚的方式运作。委员会会特别考虑到各缔约国各自的国情和能力。"

何实现这一责任的落实，如何实现合作，如何推动措施，如何消除双方之间存在的分歧和矛盾，都是尚待解决的一个问题。①

2.2 发达国家和地区在应对气候变化过程中采取的行动

由于发达国家较早地实现了工业革命，技术得到了较大的发展。在其经济发展的过程中，不可避免地对其环境造成了许多不可挽回的破坏，而且，这些破坏所带来的恶劣气候和环境灾难，也让发达国家较早地意识到环境保护的重要性。其中比较有代表性的事件就是“伦敦烟雾事件”。

促进可持续发展和应对气候变化的一个关键就是能源部门的改革，因此，如何进行能源规划和制定合理的能源决策是能源部门以及国家都面临的一个重要的议题。除此之外，世界各国也比较注重气候相关技术的创新政策的推行，在有利政策的引导下，增加研发投资，改进技术，设立有效的法规和技术标准，进行有效的市场部署。世界各国也意识到了气候应对是一个全球范围内的行动，也要不断加强国家合作，利用有效的机

① 温融．应对气候变化政府间合作法律问题研究[D]．重庆大学，2011，33－39。齐尚才．全球治理中的弱制度设计——从《气候变化框架公约》到《巴黎协定》[D]．外交学院，2019，118－119。

制进行技术方面的合作，加速技术的创新和应用。

在这一背景下，发达国家会通过制定较高的环境标准来实现其对环境的保护要求，但是，一些企业会通过环境污染转移的方式逃避其环境责任，而发展中国家和不发达国家因为面临着经济发展的需要，使得一些高污染、高耗能的产业向发展中国家转移。这些行为虽然在短期内对发达国家环境的改善起到了一定的作用，但是从长远来看，并没有从根本上解决环境问题。其主要原因是，环境的破坏带来的影响并不存在国界，发展中国家向海洋或者大气排放的污染物最终也会给发达国家带来消极的影响。气候变化就是一个比较有代表性的案例。

发展中国家在其经济的发展过程中向大气排放了大量的污染气体，导致了全球气温的上升。各类极端气象事件的不断发生，不仅仅是影响某一个国家，它也会给全球和全人类带来消极影响。国际社会逐渐意识到，环境治理需要全球的合作。因此，在发达国家和国际组织的推动下，不仅制定了一系列国际环境保护公约，发达国家也通过国内立法，来承担其在环境保护中所应承担的责任和义务。

2.2.1 欧盟的气候应对行动

在众多发达国家中，比较有代表性的就是欧盟所采取的环境保护行动。首先，欧盟的欧洲理事会、欧盟理事会以及欧洲环境署等机构在对于气候相关政策和法律的制定和实施过程中各司其职，发挥了比较重要的作用。在制定相关国家气候和能源计划以及长期战略时都会充分地考虑气候变化这一严峻问题。由于各区域已经明显地感觉到气候变化所带来的消极影响，欧洲经济区成员国在适应气候变化问题上基本达成共识，并都在不断地制定和执行国家适应战略和计划。

在应对气候变化的谈判过程中，欧盟一直发挥着领导的作用。从《联合国气候变化框架公约》开始，欧盟就开始在全球气候治理问题上扮演着重要的角色。之后，又在其推动下，签订了《京都议定书》和《巴黎协定》等主要的国际环境条约，而且在其谈判期间，为了能够推动环境条约的有效签订，欧盟国家还承担了比较重的任务。为了应对气候变化，欧盟在可持续发展战略的指导下，推行了一系列的战略目标和减排目标。

可持续发展战略一直是欧盟制定经济和社会发展战略的基础。例如，1992 年的《欧洲联盟条约》《单一欧洲法》和《阿姆斯特丹条约》等，都提出了可持续发展的战略，明确设立环境条款，并提出在环境保护的范围内促进经济和社会进步。欧盟还通过推动《环境行动规划》来推动环境的改善。通过相关规划的推动，在国家的经济和社会发展中，要具有环境保护的意识；在不断加强对水资源、大气资源以及社会环境保护的同时，还注重保护自然和生物的多样性等。而且，在其他经济和社会的发展过程中也充分考虑到环境保护的重要性。

不仅如此，欧盟还比较重视环境技术的重要性，通过相应政策的实施来推动环境科研。通过提高环境技术来提高资源的利用率，减少有害气体的排放，并且对企业的环保责任提出了要求。同时还不断加强公民的环保意识，并不断地鼓励他们参与环保政策的执行。

欧盟主要通过立法来推动环境保护政策，因此能够提升政策的强制性和约束力。环境技术的发展不仅提高了资源的利用率、减少了有害气体的排放，最终还有效地改善了生态环境。公众参与的提高有利于公众更好地监督环境保护工作，提高政策的执行力度。

2.2.2 德国的气候应对行动

在欧盟国家中，德国一直比较积极地应对气候变化问题。在全球的气候应对中，从德国政府到普通民众，都极为重视气候问题。政府不仅提出了严格的减排目标，民众对于气候政策的参与也是比较积极的。在国际上，德国签署了《京都议定书》等一系列气候环保公约，积极推动国际环境保护工作的进程。在国内，德国出台了《电力输送法》《节约能源条例》《碳排放权交易法》《可再生能源法》以及《可再生能源供热法》等政策和措施来鼓励发展新能源，实现节能减排的目标，在可再生能源的发展上，还采取了多种补贴方式，例如电价补贴、研发补贴或者建设项目补贴等。德国还出台了“气候保护计划 2030”，目的是将 2030 年的温室气体排放减少到 1990 年的 55%；在 2010 年末，又启动了能源转型计划，将实现高效的可再生能源系统作为其能源目标。

在可再生能源的发展上，德国更是做了多种的尝试，并且取得了一定的成功。为了更好地适应社会发展的需要，德国的《可再生能源法》先后进行了两次修改。根据德国《可再生能源法》的相关规定，为了有效地推动可再生能源的发展，德国实施了固定电价制度、强制入网制度、总量目标制度以及费用分摊等措施。在有效的措施和法律的保证下，市场更加透明，目标更为明确，不仅吸引了发电商和电网运营商的关注，[①] 也吸引了民众的积极参与。[②]

有相关报道指出，数字化在通过对相关数据的分析和整理过程中，能够有效地提高能源的效率。[③] 数字技术已经被广泛应用到了我们生活的方方面面，给我们的经济和社会都带来了巨大的改变。数字技术能够对能源消耗提供一个比较可靠的优化方案，对于能源效率的提高发挥着非常重要的作用。德国是一个较早开始关注能源效率问题的国家，并开始推动数字化的能源提效政策，目前已经有专门的公司提供节省能源和能源提效方面的服务。[④]

德国在可再生能源方面具有较为丰富的经验，一方面，其可再生能源相关的措施能够从经济性和市场化等多个角度出发，使得相关政策的实施更具有操作性和规范性。另一方面，

---

① 杨解君．欧洲能源法概论［M］．世界图书出版公司，2013.

② 盛春红．能源转型的制度创新——德国经验与启示［J］．科技管理研究，2019，39（18）：25－31.

③ Energy efficiency and digitalization，https://www.iea.org/articles/energy-efficiency-and-digitalisation.

④ Case Study：Energy Savings Meter Programme in Germany，https://www.iea.org/articles/case-study-energy-savings-meter-programme-in-germany.

德国通过目标的设定和详细的规划来推动可再生能源的发展，并通过补贴金额的设定对可再生能源的发展进行较为有效的宏观调控。

2.2.3 美国的气候应对行动

在全球气候应对上，一个比较有争议的国家就是美国。二战结束后，美国的经济开始飞速地发展，但是经济发展的同时也对环境造成了破坏，使得美国的环境和经济之间的矛盾日益凸显，环境治理的迫切性也显得尤为重要。当时的政府也开始注重环境保护政策的实施和相关机构的设立。

在环境的治理中，美国也是通过一系列的立法来加强对环境的保护，实施环境保护政策，实现环境保护目标，其中涉及了大气、水、噪声、生物多样性以及土壤等多方面的议题。尤其受伦敦烟雾事件的影响，美国更是重视对于大气环境的改善，成立了环境质量委员会和环境保护局等专门机构来应对环境工作，还制定了专门的污染气体排放标准。到20世纪90年代，美国的空气质量有了明显的改善。

在过去十年里，美国开始对其能源政策不断进行调整，使其能源政策发生了较大改善，逐步实现环境可持续发展的能源体系。为了减少温室气体的排放，美国也开始关注可再生能源的发展，逐步减少对于煤炭发电的依赖。为了较好地推动可再生能源的发展，美国还在其国内实行了配额制和绿证机制。

美国一直比较重视能源的生产，而且也一直在努力提高自身的能源竞争力。国际能源署在对美国能源政策进行了深入审查之后曾指出，美国政府的政策反映了一种战略，即促进能源生产进而从能源出口中获益，并成为全球能源技术的领导者。①

国际上的环境保护公约都要求发达国家在环境保护中起带头作用，但是美国却以《巴黎协定》对美国不公平为由，要求启动退出该协定的程序，这一举动引起了国际社会的哗然。但是美国政府一直集中力量发展能源优势，在这一政策导向的指引下，美国开始试图忽视对于 CO_2 排放问题的关注，试图通过放松环境监管来获得其在能源行业的竞争力。

2.2.4 日本的气候应对行动

日本是另一个比较重视气候变化的发达国家。在国际上，政府层面积极推动《联合国气候变化框架条约》和《京都议定书》等多边环境条约的签订；在国内，为了应对气候变化，日本还专门推行了《环境基本法》《全球气候变暖对策推进法》和《新能源利用的特别措施法实施令》来推进节能减排的措施应对气候变化。

日本是一个资源相对缺乏的国家，在其能源结构中，石油

① The US shale revolution has reshaped the energy landscape at home and abroad, according to latest IEA policy review, https://www. iea. org/news/the-us-shale-revolution-has-reshaped-the-energy-landscape-at-home-and-abroad-according-to-latest-iea-policy-review (last visited on December, 2nd)

的比重较大，因此便存在能源安全的隐患。为了推动经济的发展以及实现能源的安全性和稳定性，日本从20世纪70年代开始，就比较注重新能源的开发和利用。

为了推动新能源的发展，日本在新能源技术开放、新能源的利用和推广上都采取了相应的资金补贴。[①] 在政策和资金的推动下，日本成为新能源技术强国。不仅如此，日本还在1994年颁布了《新能源发展纲要》，较为清晰地指出新能源的发展目标与发展规划等问题。在此之后，日本还多次提出了能源基本计划，虽然各有侧重，但是都强调了新能源的开发、推广以及利用等问题。

通过对相应政策的内容进行深入分析，不难发现，这些政策的内容相对比较具体化，目标明确，具有较强的可操作性。例如，日本政府在其能源基本计划中会明确列出电力结构的优化目标占比。在"第五次能源基本计划"中就明确指出核电占比为20%~22%，火电为56%，可再生能源的占比为22%~24%。[②] 对于能源固定价格制度、可再生能源招标制度以及相应补贴的规定都比较详细，可操作性比较强。

① 日本新能源政策及发展现状与趋势，http://www.china-nengyuan.com/news/6585.html（最后访问时间2019年12月5日）

② 周杰．日本能源发展规划六大新看点［J］．经济，2018，291（16）：72－74.

2.3 发展中国家在应对气候变化过程中采取的行动

发展中国家一直面临着经济发展和社会进步的双重压力。在经济发展的推动下，发展中国家的能源需求持续增长，进而温室气体的排放也在持续增长，因此，以中国和印度为代表的发展中国家，已成为全球主要的 CO_2 排放国。所以，这些国家的能源转型能较大程度上缓解温室气体排放，由此缓解气候变化给人类带来的消极影响。

2.3.1 中国的气候应对行动

中国作为世界上最大的发展中国家，面临着经济增长和保护这一双重环境压力所带来的严峻挑战。近几十年来，中国无论在经济还是社会方面都有了翻天覆地的变化。在经济发展的过程中，不可避免地会有环境相关问题的存在，这些问题主要集中在资源的开采与消耗以及污染物的排放等方面。如果这些问题处理不好，随之而来的就可能是污染问题、水土流失问题以及生物多样性锐减等问题。这些都与我们的健康、生活甚至生存息息相关。

习近平总书记一直比较关注环境的发展和改善问题，他在

2013年十八届中央政治局第六次集体学习时的讲话中，就提出全党同志都要清醒认识保护生态环境、治理环境污染的紧迫性和艰巨性，清醒认识加强生态文明建设的重要性和必要性，以对人民群众、对子孙后代高度负责的态度和责任，真正下决心把环境污染治理好、把生态环境建设好，为人民创造良好生产生活环境。指出实行最严格的制度、最严密的法治，才能为生态文明建设提供可靠保障。完善经济社会发展考核评价体系，把资源消耗、环境损害、生态效益等体现生态文明建设状况的指标纳入经济社会发展评价体系，建立责任追究制度，对那些不顾生态环境盲目决策、造成严重后果的人，必须追究其责任，而且应该终身追究。

十九大的报告中专门提出了绿色发展的要求，解决突出环境问题和加大生态系统保护的力度。还专门强调要构建市场导向的绿色技术创新体系，壮大节能环保产业、清洁生产产业和清洁能源产业。

在全国生态环境保护大会上，针对环境的治理情况，习近平总书记指出生态环境质量持续好转，出现了稳中向好趋势，但成效并不稳固，并提出要实施积极应对气候变化国家战略，推动和引导建立公平合理、合作共赢的全球气候治理体系，彰显我国负责任大国形象，推动构建人类命运共同体。

随着环境问题的日益严峻，中国开始探索清洁能源降低能耗的有效途径。使用风能、太阳能以及地热能等方式是目前降低能耗的有效方式，因此，中国设定目标来提升非化石能源的使用率，进而降低 CO_2 的排放水平。① 为了应对气候变化问题，建立清洁、低碳和高效的现代能源体系，中国一直做着比较积极的努力。中国重视能源效率，风能、太阳能以及可再生能源的开发和利用，不断推动清洁能源转型。国际能源署也曾预测指出："未来25年能源需求的所有增长都将发生在新兴国家和发展中国家"。这一预测意味着中国等发展中国家清洁能源政策的推动，将对国际社会清洁能源的转型起到举足轻重的作用。

在国际上，中国不仅积极签署了以《巴黎协定》为代表的多边气候应对措施，在国内通过一系列政策和法规的调整，来促进新能源的发展。为了促进可再生能源的发展，全国人大常委会在2009年通过了《中华人民共和国可再生能源法（修正案）》，该法律在2010年正式生效。其总则明确指出该法制定的目标就是"为了促进可再生能源的开发利用，增加能源供应，改善能源结构，保障能源安全，保护环境，实现经济社会的可持续发展"。该法提出了可再生能源发电全额保障性收

① Schuman Sara, Lin Alvin, China's Renewable Energy Law and its Impact on Renewable Power in China: Progeress, Challenges and Recommendations for Improving Implementation, Energy Policy, Vol. 51, 2012, pp. 89 - 109.

购制度，[1] 鼓励清洁能源的发展，[2] 而且特别鼓励和支持可再生能源在农村地区的发展。[3] 依据该法，国家提出了上网电价及调整，和电网企业在回收上网电价中所产生的差额等相关问题，并设立专门的基金来推动可再生能源的发展。

通过可再生能源电价补贴和配额交易的方式，来推动可再生能源电力的发展，中国专门印发了《可再生能源电价附加补助资金管理暂行办法》来规范补助项目的确认、补助标准以及资金拨付等问题；2015 年国家能源局又下发了《国家能源局关于实行可再生能源发电项目信息化管理的通知》，对于可再生能源电价的补助资金进一步规范管理。

2017 年，全球发电和供电投资达到 7500 亿美元，其中，中国发电和供电投资达到 1266 亿美元。2010 年可再生能源补

---

①《中华人民共和国可再生能源法（修正案）》第 14 条中要求“国务院能源主管部门会同国家电力监管机构和国务院财政部门，按照全国可再生能源开发利用规划，确定在规划期内应当达到的可再生能源发电量占全部发电量的比重，制定电网企业优先调度和全额收购可再生能源发电的具体办法，并由国务院能源主管部门会同国家电力监管机构在年度中督促落实”，还进一步指出“电网企业应当与按照可再生能源开发利用规划建设，依法取得行政许可或者报送备案的可再生能源发电企业签订并网协议，全额收购其电网覆盖范围内符合并网技术标准的可再生能源并网发电项目的上网电量。”

② 同上。第 16 条规定：“鼓励清洁、高效地开发利用生物质燃料，鼓励发展能源作物”；而在第 17 条中也明确指出：“国家鼓励单位和个人安装和使用太阳能热水系统、太阳能供热采暖和制冷系统、太阳能光伏发电系统等太阳能利用系统。”

③ 同上。第 18 条规定：“县级以上地方人民政府管理能源工作的部门会同有关部门，根据当地经济社会发展、生态保护和卫生综合治理需要等实际情况，制定农村地区可再生能源发展规划，因地制宜地推广应用沼气等生物质资源转化、户用太阳能、小型风能、小型水能技术。”

贴仅660亿美元，2016年为1400亿美元，预计2035年将增至2500亿美元。[1] 中国是迄今为止世界上最大的可再生能源投资国。中国也在发展可再生能源方面作出了不懈努力，与2016年相比，2017年可再生能源投资增加31%，达到1266亿美元。

在政策的推动下，中国的清洁能源得到了快速发展，并一跃成为可再生能源大国，在可再生能源的发电量和可再生能源的装机容量上都取得了瞩目的成绩，在可再生能源的技术研发和改革上也取得了较大的进步。[2]《中国可再生能源发展报告2018》针对水电、风电以及太阳能等可再生能源的发展情况进行了梳理。报告中指出，以水电、风电、太阳能发电、生物质能和地热能为代表的可再生能源与往年相比，在技术开发和装机容量上都有了较为稳定的发展，而且光伏发电的扶贫项目不仅使贫困户有了稳定的收入，也促进了光伏发电的发展。[3] 如图2-1所示，从2011年到2019年，可再生能源在电力中的占比正在增加。国际能源机构估计，2023年可再生能源的需求将达到30%。

中国的能源产能扩张将占全球总扩张的40%，而且随着

---

① Espa Ilaria, Rolland Sonia E., Subsidies, Clean Energy, and Climate Change, E15 Initiative, Geneva: International Center for Trade and Sustainable Development (ICTSD) and World Economic Forum, 2015.

② 中国引领全球可再生能源发展，http://www.nea.gov.cn/2019-08/21/c_138326148.htm（最后登录时间2019年12月2日）

③《中国可再生能源发展报告2018》简报，http://guangfu.bjx.com.cn/news/20190627/989083.shtml（最后登录时间2019年12月2日）

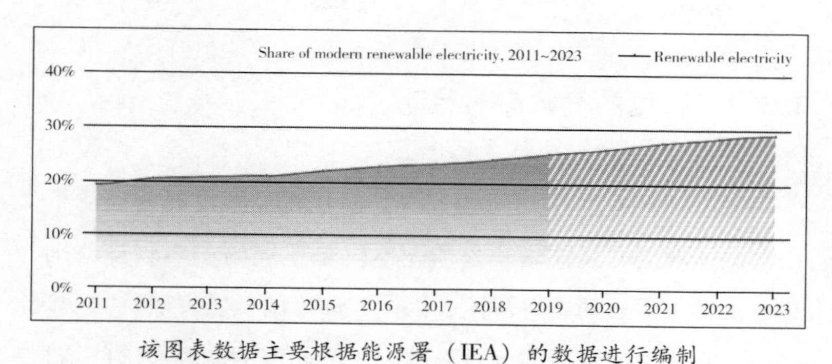

该图表数据主要根据能源署（IEA）的数据进行编制

图 2－1　2011～2023 年现代可再生电力占比

中国光伏和风电技术的不断成熟，竞争力也不断地增强。国际能源署相关报告指出，中国将占全球分布式光伏发电增长的近一半，其装机容量将在 2021 年超过欧盟等国家。① 不仅如此，中国的生物燃料产量也将会得到提高，在相应资金政策的刺激下，中国的生物燃料产量将成为增长最快的国家。②

在清洁能源、低碳排放政策的引导下，中国变化最大的一个产业部门就是电力部门。低成本风能和太阳能的不断发展，中国的电力系统正发生着巨大的变革。根据国际能源署的相关报告指出，中国预计在 2035 年，电力部门的二氧化碳排放量每年将减少 7.5 亿吨。③ 这对于中国实现《巴黎协定》的目标起着非常重要的作用。

---

① Renewables 2019，https://www. iea. org/reports/renewables－2019（最后登陆时间 2019 年 5 月 20 日）

② 同上。

③ China Power System Transfromation，https://www. iea. org/reports/china-power-system-transformation.

2.3.2 印度的气候应对行动

印度拥有着世界18%的人口，而且在经济发展的推动下，印度的能源需要极速增长。印度不仅是亚洲的主要碳排放国，也是世界上主要的碳排放国，因此，印度的低碳发展，对实现印度的减排承诺也是极为重要的。因为印度的能源需求的增长对全球能源部门都会产生重大影响，为了解决这一严峻问题，印度在近几年不断地推动风能和太阳能的发展，可再生能源在印度能源结构中的作用不断提升。在《巴黎协定》下，印度的减排目标是：与2005年相比，2020年的排放量减少20%。印度还在2017年提出了可再生能源发展的三年规划，预计在2022年，总装机规模达到200吉瓦，加速印度可再生能源的发展。①

与此同时，为了快速实现清洁能源转型，完成《巴黎协定》所规定的气候目标，印度政府也比较注重技术的创新和太阳能项目的发展。印度在2010年还提出了“贾瓦哈拉尔·尼赫鲁国家太阳能”计划，以推动印度太阳能相关产业的发展。2017年，印度还与法国签订了大量的太阳能和风力发电项目，加快印度可再生能源项目的建设工作。

从以上内容可以发现，国际社会通过制定一系列多边条约

---

① 印度提出可再生能源发展三年规划，http://www.china-nengyuan.com/news/117296.html（最后登录时间2019年12月2日）

来推动全球的合作，进而缓解气候变化对人类所产生的消极影响。一些比较有代表性的国家也在国内推行一系列制度和政策来推动国内的能源结构调整，降低温室气体的排放。但是，可再生能源的发展仍然会面对很多的困难和障碍，需要国家采取相应的行动来支持其发展。全球可再生能源补贴也在逐年增加，除了对可再生能源在技术上和资金上给予相应的支持以外，还通过税收等手段来抑制碳排放。

这些手段的推行虽然在推动可再生能源的发展方面起到了积极的作用，但是在多边贸易框架下，这些措施本身或者这些措施在其推行的过程中有可能违背多边贸易规则，进而引发贸易争端的频发。

第三章>>>

GATT 框架下涉及气候变化的相关条款

因气候变化所导致的恶劣天气问题不断严峻，发达国家、发展中国家以及一些国际组织越来越关注气候变化问题，GATT和WTO在其相关的条款制定过程中，都考虑了环境因素。世界各国不断制定相关政策，以实现环境可持续发展的目标，然而，无论是GATT还是WTO都是重点关注经济发展的组织，虽然其部分条款涉及了环境保护问题，但是这些条款的可操作性并不强，因此，在实践中经常招致环境保护组织的批判。

3.1 GATT的设立背景及其目的

第二次世界大战结束后，各国都急于恢复国内的经济，并极力推行贸易保护主义，因此在这一时期，贸易保护主义盛行，世界各国政府纷纷通过实施关税、配额制以及补贴等贸易保护措施来保护国内产业，推动经济复苏。然而，这些措施虽然可以在短时间内对经济的增长和国内产业的发展起到保护和推动作用，但是从长远来看，反而不利于经济的发展，甚至成为其经济萧条的主要原因。

因此，继 1927 年国际联盟开始努力制定国际贸易协定之后，在 1945 年的联合国经济及社会理事会上，以及后来的布雷顿森林体系都曾提出建立一个国际贸易组织的设想，以帮助战后经济的复苏，这也为国际贸易的发展提供了一个稳定的环境。

GATT 在 1947 年签订，于 1948 年生效，并在 1994 年进行了修改。该协定在其序言中明确指出："应以提高生活水平、保证充分就业、保证实际收入和有效需求的巨大持续增长、扩大世界资源的充分利用以及发展商品生产与交换为目的"。为了实现这些目的，该协定也在其序言中明确指出："通过达成互惠互利协议，大幅度地削减关税和其他贸易障碍，取消国际贸易中的歧视待遇等措施"。因此，国际社会建立 GATT 的一个主要目的是通过降低贸易关税、配额和其他壁垒来消除贸易壁垒。[①] 协定主要针对国际货物贸易制定了相关的规则，其运作主要通过货物贸易理事会来负责，处理的问题涉及农业、市场准入、补贴以及反倾销措施等。

---

①《关税及贸易总协定》，https://baike.baidu.com/item/关税及贸易总协定/647644？fr=aladdin.

3.2　GATT 的基本原则

GATT 的重要原则就是不歧视原则，这也是该协定的主要成就之一。在内容中，该协定提到了普遍的最惠国待遇①和国民待遇原则②。它要求成员国之间应给予同样的待遇，进口产品应与国内产品一样对待，是一种不歧视原则的体现。国民待遇的原则主要体现在国内税和国内法规等方面。第 3 条的第 1 款主要体现在法律、法规规定上的国内产品和国外产品要保持一致性。③ 第 3 条第 2 款则要求在进行税费的征收时，不能存

---

①《关税及贸易总协定》在第 1 条就提到有关普遍最惠国待遇的相关规定如下：在对进口或出口、有关进口或出口产品的国际支付转移所征收的关税和费用方面，在征收此类关税和费用的方法方面，在有关进口和出口的全部规章手续方面，任何缔约方给予来自或运往任何其他国家任何产品的利益、优惠、特权或豁免应立即无条件地给予来自或运往所有其他缔约方领土的同类产品。

② 同上，国民待遇主要涉及国内税和国内法规的国民待遇要求，这一规定主要体现在协定中的第 3 条。

③ 同上，第 3.1 条规定："各缔约方认识到，国内税和其他国内费用、影响产品的国内销售、标价出售、购买、运输、分销或使用的法律、法规和规定以及要求产品的混合、加工或使用的特定数量或比例的国内数量法规，不得以为国内生产提供保护的目的对进口产品或国产品适用。"

在国内和国外产品的区别对待。[①] 第3条的第4款则要求针对产品的进口相关的法律、法规和规定不能够区别对待。[②] 第3条第5款则是关于数量的规定不能够将国内产品和国外产品区别对待。[③]

协定的第11条主要是关于取消数量的限制,[④] 通过这一规定来确保国际货物贸易能够在国际上实现自由流通。在采取数量限制的情况下,也需要遵守无歧视原则[⑤]。

---

①《关税及贸易总协定》第3.2条则规定:"任何缔约方领土的产品进口至任何领土时,不得对其直接或间接征收超过对同类产品直接或间接征收的任何种类的国内税或其他国内费用。"

② 同上,第3.4条规定:"任何缔约方领土的产品进口至任何其他缔约方领土时,在有关影响其国内销售、标价出售、购买、运输、分销或使用的所有法律、法规和规定方面,所享受的待遇不得低于同类国产品所享受的待遇。"

③ 同上,第3.5条规定:"缔约方不得制定或维持与产品的混合、加工或使用的特定数量或比例有关的任何国内数量法规,此类法规直接或间接要求受其管辖的任何产品的特定数量或比例必须由国内来源供应。"

④ 同上,第11.1条中明确规定:"任何缔约方不得对任何其他缔约方领土产品的进口或向任何其他缔约方领土出口货销售供出口的产品设立或维持除关税、国内税货其他费用外的禁止或限制,无论此类禁止货限制通过配额、进出口许可证或其他措施实施。"

⑤ 同上,第13.1条规定:"任何缔约方不得禁止或限制来自任何其他缔约方领土的任何产品的进口,或向任何其他缔约方领土的任何产品的出口,除非来自所有第三国的同类产品的进口或向所有第三国的同类产品的出口同样受到禁止或限制。"

3.3　GATT 的一般例外条款及相关案例分析

除了关注经济的发展，协定还在其第 20 条专门设立了一般例外条款，来缓解经济与其他非经济价值因素（non-trade value）之间存在的潜在冲突。在 GATT 的第 20 条中规定了 10 条例外原则，其中就包括为了保护自然资源和人类健康而采取的措施的免责。也就是，即使这些措施与 GATT 下的相关规则存在冲突，成员国也有权采取相关措施来保护自然资源和人类健康。但前提是，相关措施在制定或者实施过程中要满足第 20 条的相关要求。该协定的一般例外条款设置的一个主要原因是，一些非经济价值因素，例如公共道德、人类、动物或植物的生命或健康保护、自然资源的保护等，在其实施保护的措施中，可能需要采取限制贸易的手段或者政策，而这些政策或者法规会与协定中的无歧视原则、国民待遇原则甚至取消数量限制原则等存在矛盾，为了缓解这些矛盾而专门设立的。

GATT 第 20 条的一般例外条款涉及公共道德、人类、动植物的生命或健康、黄金或白银进出口，以及可用尽自然资源等相关领域。但是，在其前言中也明确指出，其相关措施的实施不能够在情形相同的国家之间"构成武断的或不合理的差别待遇，或构成对国际贸易的变相限制"。

3.3.1 GATT框架下与气候变化相关的例外条款

在一般例外条款中，与气候相关的条款主要体现在其（b）条款和（g）条款中。① 在这两个条款里面分别提到了“为保护人类、动物或植物的生命或健康所必需的措施”和“为保护可用尽的自然资源有关的措施”等。

3.3.2 一般例外条款相关的案例介绍

GATT一般例外条款中的（b）条款和（g）条款将“人类、动物或植物的生命或健康保护”以及“自然资源的保护”作为例外。GATT尊重其成员国的自治权，允许成员国通过制定相应的措施来实现其相应的目标。在符合第20条相关规定的前提下，即使与GATT中的相关规则存在冲突，仍然被认定为合理。

这一规定使得多边贸易体制在促进贸易和经济不断向前发展的同时，也兼顾到了环境、健康、公共道德以及资源保护等对人类社会发展和进步起着重要作用的要素。但是，在前面我们也提到了，这些措施的制定和实施要满足第20条

①《关税及贸易总协定》，第20条（b）款提到“为保护人类、动物或植物的生命或健康所必需的措施”；在（g）款中提到“与保护可用尽的自然资源有关的措施，如此类措施与限制国内生产和消费一同实施。”

相关规定的要求。这些措施不能够被滥用，或者成为贸易保护主义的幌子，不能构成变相的贸易保护。为了防止类似情况的出现，前言中也给出了明确的适用规定。但是在实践中，对于一般例外规则的使用依然存在一些争议和条款适用问题。

3.3.2.1 美国337条款案

第一个援引GATT第20条的案例是欧共体诉美国化学纤维案，该案例援引了第20条的（d）款。①

1987年欧共体首先要求与美国就1930年美国关税法第337条的适用问题进行磋商。美国的337条款是一个主要针对对美贸易中的不公平竞争和不公平贸易，并对美国的相关产业产生消极影响的时候而实施的保护条款。所谓的不公平贸易主要涉及侵犯专利的一些贸易行为。如果违反了337条款的相关规定，美国可以禁止或者停止相关产品的进口。

在该案例中，美国就曾指出在美国销售的纤维侵犯了其本国企业的专利权，对美国的相关产业产生了消极的影响。因此，美国国际贸易委员会针对这一侵权行为颁发了进口限制令，禁止进口不同形式的高强度纤维。

---

①《关税及贸易总协定》，第20条（d）款，第20条（d）款主要涉及："为保证某些与本协定的规定并无抵触的法令或条例的贯彻执行所必需的措施，包括加强海关法令或条例，加强根据本协定第2条第4款和第14条而实施的垄断，保护专利权、商标及版权，以及防止欺骗行为所必需的措施。"

该事件的争论点主要围绕着关于 GATT 第 3 条第 4 款的相关规定。欧共体认为，美国在 337 条款的适用过程中对于非本国产品存在区别对待的情况，进口货物受到的待遇低于美国联邦地区法院对本国货物的待遇。①

在该案例中，美国就曾援引 GATT 第 20 条（d）款来证实美国 337 条款的合法性。美国认为，其对 337 条款的适用符合 GATT 一般例外条款中（d）条款的范畴，即使 337 条款的适用和联邦地区法院诉讼之间存在程序上的差异，但是这种差异并没有对进口产品产生区别的对待。② 美国还进一步强调指出“只要这些措施是必要的，并以符合该条序言部分条件的方式适用”，那么即使与 GATT 项下的相关规则存在不相符的情况，该条款依然可以被豁免。③

欧共体方面则指出，在该案例中，美国不仅在对案件审理的程序上对国外产品实施了区别对待，还在时间限制，限制反诉权以及处理相关人员的资格方面都存在区别的对待。④

美国则明确指出，337 条款应该被视为（d）款项下的措施，其实施的目的是寻求与保护知识产权相关“法令或条例”的贯彻执行，而不是为了寻求与 GATT 第 3 条第 4 款的一致。美国还进一步指出，如果要审查 337 条款与 GATT 第 3 条第 4

---

① GATT Panel Report, United States-Section 337 of the Tariff Axt of 1930, BISD 36S/345, 385 (Nov. 7, 1989), para. 3.2.

② 同上，para. 3.4.

③ 同上，para. 3.8.

④ 同上，para. 3.12.

款的一致性，就应关注他的整体效力，而不是孤立地分开来看他们所具备的特点，如果关注整体效力就会发现，其实并不存在区别对待的问题。①

因此，美国坚持认为，美国的 337 条款属于 GATT 第 20 条（d）款所规定的范畴，并且是确保遵守美国专利法的必要措施，不仅如此，在相关条款的适用过程中，并不存在构成任意或者不合理歧视的手段，也不存在国际贸易的变相限制的方式。②

在分析的过程中，美国认为，应该将 337 条款作为一个整体进行分析，因为问题的关键不是该条款适用过程中的某一个程序是否是确保美国专利法的遵守必要条件，而是要从整体进行考察，来确认 337 条款的实施对实现这一目标是否是必要的。③

在有关第 20 条（d）款的适用上，主要从四个方面进行讨论，分别是申诉的范围；寻求一致的必要性；在条件相同情况下，不得以构成任意或不合理歧视手段的方式适用；不能对国际贸易构成变相的限制。在有关申诉范围的认识上，基本上不存在什么争议。

但是对于“必要性”的认识上，美国和欧盟则存在分歧。欧盟认为，按照美国的观点，如果认为 337 条款是为了确保美国专利法的实施是必要的，那么就意味着，任何一个特殊的措

---

① GATT Panel Report, United States-Section 337 of the Tariff Axt of 1930, BISD 36S/345, 385 (Nov. 7, 1989), para. 3. 14.

② 同上，para. 3. 57.

③ 同上。

施，无论其在实施的过程中存在的歧视程度或者贸易保护的程度是怎样的，都应该在（d）款下被认定为合理的。[①] 美国则认为条款中并没有要求措施必须是最低贸易限制措施，如果有此要求，将引来持续的争端。[②] 美国进一步指出，在考虑必要性的时候，需要考虑到整体的效力、进口的固有特性，以及遵守协议法律法规目标的灵活性。[③]

专家组针对美国和欧共体的争议进行了审查。专家小组认为 337 条款属于第 20 条（d）款中所说的“措施”，其实施的目的是为了确保与美国专利法的一致性。[④] 除此之外，专家组还明确了如何确定争议条款是否满足第 20 条（d）款的例外条件。在进行审查的过程中，专家组首先明确了 337 条款属于（d）款下用来确保美国专利法被遵守的措施，接下来，专家组需要审查 337 条款与总协定第 3 条 4 款不一致的内容是否符合第 20 条（d）款的条件。

专家组明确了满足 20 条（d）款的三个条件，而且要求这三个条件必须同时满足，任何一个条件的不满足，都不能构成 20 条（d）款项下的免责。[⑤] 首先，需要确保遵守的“法律或法规”本身与总协定“不矛盾”；其次，这些措施是“确保

---

① GATT Panel Report, United States-Section 337 of the Tariff Axt of 1930, BISD 36S/345, 385 (Nov. 7, 1989), para. 3. 58.

② 同上，para. 3. 59.

③ 同上。

④ 同上，para. 5. 22.

⑤ 同上，para. 5. 23.

遵守这些法律或法规所必需的”；第三“这些措施不会以构成在条件相同的国家之间任意或不合理歧视的手段，或对国际贸易的变相限制的方式实施”。①

针对双方的争议，专家组对该案例进行了审核。在审核的过程中，专家组指出，在该案例中，双方对于第一个条件都不存在争议，因此专家组需要进一步审核美国所实施的措施是否是实现其目标的必要措施。而在“必要性”的解释上，美国和欧共体的解释也存在不同，其关键核心就是是否有“最低贸易限制措施”的要求。②

而对于这一分歧，专家组也做了明确的解释，即如果存在一个可以合理利用的措施，而且该措施与总协定中的一般条款又不存在冲突，那么在这种情况下，其成员国所实施的与总协定存在冲突的措施就不能被认定为必要措施。③ 专家组也进一步指出，其对于必要性所做的解释并不是想要改变其成员国的法律或者其所期望的执行水平，但是希望在其目标的实现过程中，避免对进口产品和国内产品存在区别对待，尽可能做到不与关税及贸易总协定的其他条款相抵触。④

综上可知，在审查的过程中，首先需要确认美国的版权法是否与总协定相矛盾，其次还要确定是保护版权而采取的所必需的措施，最后需要确定在措施的实施过程中“并不构成在

① GATT Panel Report, United States-Section 337 of the Tariff Axt of 1930, BISD 36S/345, 385 (Nov. 7, 1989), para. 5.22.

② 同上，para. 5.25.

③ 同上，para. 5.26.

④ 同上。

条件相同的国家之间任意或不合理的歧视手段，也不构成对国际贸易的变相限制”。

在其审核过程中，专家组首先确定了美国的337条款与GATT中的第3条4款相抵触，接下来，专家组认为争议措施的实施目的是为了寻求与美国版权法的一致性，因此属于第20条（d）款的例外范畴①，最后，专家组审查了争议措施是否满足第20条（d）款中所规定的条件。而在这一审查过程中，主要是根据专家组所提出的条件进行的。最终，专家组得出如下结论，337条款的规定区别对待了进口产品和国内产品，因此与总协定下的第3条4款不相符，而且这一不相符不能在第20条（d）款项下被认定为合理。②

GATT第20条（d）款适用于为了“保证某些与本协定的规定并无抵触的法令或条例的贯彻执行所必需的措施”。GATT第20条列出来了例外情况的范围，还通过其前言对于第20条的适用情况予以相关指南。GATT也给了专家小组充分的裁量权，可以对相关条款进行解释。在337条款案中，专家小组将条款中的“必要措施”解释为“最低贸易限制措施”。

专家组的这一解释方法被以后的很多案例使用，但是这一解释措施较为严格，仅仅考虑了是否存在“最低贸易限制措

---

①《关税及贸易总协定》第20条的（d）条款规定：“为保证某些与本协定的规定并无抵触的法令或条例的贯彻执行所必需的措施，包括加强海关法令或条例，加强根据本协定第2条第4款和第14条而实施的垄断，保护专利权、商标及版权，以及防止欺骗行为所必需的措施。”

② 同上，para. 6. 3.

施"，而没有考虑成员国的具体情况。因此，很少有争议措施能够满足第 20 条的相关规定。

3.3.2.2 泰国香烟案

泰国的香烟案是美国和泰国之间因香烟进口限制而产生的贸易纠纷。1989 年，美国要求针对泰国政府实施的香烟进口限制措施和国内税收问题与泰国进行协商，但是由于协商并没有达成一致的协议，最终美国诉诸争端解决机制，申请由争端解决小组来解决这一争议。

泰国在 1966 年的《烟草法》中曾明确指出除非获得相关许可，否则禁止进口或出口烟草种子、烟草植株、烟叶、烟草丝和烟草。泰国自 1966 年开始一直实施比较严格的许可制度，并且依据该法案，实施了香烟进口限制措施。因此，美国要求泰国取消其许可证制度，并允许从其他的成员国进口香烟。

但是泰国认为，香烟的进口限制是合理的，因为从人类健康的角度出发，烟草会对人类的健康造成极大危害已经是一个不争的事实，因此其限制措施属于一般例外条款中第 20 条（b）款的范畴。但是美国却指出，虽然第 20 条（b）条款对于以保护人类健康为目的的贸易限制措施给予了例外，但是，也要求这些措施不能变相限制国际贸易的发展。①

美国援引了在 337 案中专家小组的结论，并指出如果存在

① Panel Report, Thailand-Restrictions on Importation of and Internal Taxes on Cigarettes, DS10/R-37S/200, 1990, October 5, para. 6.

一个与总协定条款不冲突并且可实施的替代措施时，与总协定存在冲突的条款就不能被认定为实现其目标的必要性措施。[①]不仅如此，美国还进一步指出，该案的根本并不是吸烟是否有害健康的问题，而是，进口限制措施的实施是否有助于人类健康的保护，以及这一措施是否是实现这一目的的必要措施。[②]

美国还指出，美国曾针对其成分向相关部门以及英国、法国等国家做过公开，其成分中焦油和尼古丁含量比较低，因此目前并没有收到对于其成分的任何异议，相反，泰国对其香烟的成分并没有任何要求，因此，美国香烟比泰国香烟的危害程度反而要低一些。[③]

专家小组则针对该案例是否符合第20条（b）款的相关规定进行了审核。在审理过程中，小组首先接受了世界卫生组织专家组的意见，即吸烟对人类健康构成严重威胁。这也就意味着，小组承认该措施的实施目的是为了保护人类的健康，因此属于第20条（b）款的范围。

接下来，专家小组探讨了该措施是否是实现人类健康保护的必要措施。在探讨的过程中，专家小组再次强调了其在337条款案中的审理意见，即如果存在一个与总协定不冲突的合理替代措施，而且这一措施能够合理实施，那么与总协定相冲突

---

① Panel Report, Thailand-Restrictions on Importation of and Internal Taxes on Cigarettes, DS10/R-37S/200, 1990, October 5, para. 7.

② 同上，para. 9.

③ 同上，para. 10.

的争议措施就不能被认定为合理。① 因此，按照专家组的解释要求，如果想要确定泰国实施的进口限制措施是合理的，就必须确定是否存在替代措施。所以所谓合理的替代措施我们可以理解为与总协定的相关规定不存在冲突，或者说存在冲突，但是冲突的程度要低于争议措施。

泰国认为香烟质量和数量都会影响到国民的健康问题。因此，有必要通过进口限制来减少其对于国民健康的伤害。但是专家组则提出可以通过严格的标签要求以及成分公开规则等方式来实现这一目标。既能够实现政府管控，又充分尊重消费者知情权，且不会像进口禁令那样，对贸易的进口产生限制。

专家组认为可以通过多种方式来减少年轻人对于香烟的接触，广告宣传的方式以及数量限制等方式，都能够促使年轻人减少对于香烟的需求，进而实现数量的减少。② 专家组也尊重泰国采取的供应限制措施，但是同时也强调指出，供应限制措施的实施不应该区别对待国内产品和进口产品。③

综上可知，在该案的审理过程中，专家还是沿用了之前在337 条款案例中的解释方法。专家组也合理地解释了原因，虽然其解释在逻辑上不存在问题，但是仍有值得关注的问题。针对泰国的政策目标，专家组分别给出了相应的可替代措施。针对香烟质量会对人类健康产生伤害这一问题，专家组提出可以

---

① Panel Report, Thailand-Restrictions on Importation of and Internal Taxes on Cigarettes, DS10/R-37S/200, 1990, October 5, para. 21.

② 同上。

③ 同上，para. 23.

通过标签制度和成分公开等方式来告知消费者。这些方式虽然尊重了消费者的知情权且不会像进口禁令那样对进口贸易产生限制，但是专家组并没有去衡量两种方式所产生的保护作用是否是一样的。同样的情况也出现在广告宣传这一替代措施上，专家组认为广告宣传也能起到限制的作用，但是两者所产生的保护效果是否一致，专家组并没有给出相应的解释。

3.3.2.3 美国—墨西哥金枪鱼案

该案例起因是美国针对墨西哥的金枪鱼实施了进口限制令。该法令的实施主要依据 1972 年《海洋哺乳动物保护法》的要求，该法案的实施目的是减少因捕鱼所造成的海洋哺乳动物的死亡。[①] 该案例中，主要围绕的问题就是有关金枪鱼的捕鱼技术，在过去较长的时间都是采用“围网”的方式来捕捉金枪鱼，但是这种方式存在一个弊端，就是会造成与金枪鱼生活区域相近的海豚的死亡。

因此，依据美国的《海洋哺乳动物保护法》，美国实行了对墨西哥金枪鱼的进口禁令，并要求出口到美国的金枪鱼捕获方式必须符合美国的要求，即减少对海豚所造成的伤害。墨西哥针对这一禁令要求与美国实施磋商，最终该争议诉诸争端解决机构。墨西哥在其诉讼中指出，美国的这一进口禁令违背了

① Panel Report, United States-Restrictions on Imports of Tuna, DS21/R-39S/155, 1991 September, para. 2.3.

总协定中的数量限制条款的要求。① 除此之外，美国对于国内金枪鱼产品和他国同类产品在进入市场的过程中存在区别对待的情况，这也违背了其在总协定下的国民待遇的义务。但是美国却持相反的观点，提出美国并没有违背其国民待遇的义务，即使存在不相符的情况，该措施也可以依据20条（b）款和（g）款被免责。②

在其申诉中，美国指出，其争议措施实施的主要目的是保护海豚的健康和生命。考虑到专家组在之前337案和对泰国香烟案的审理情况，美国还进一步指出，目前并没有相应的合理替代措施来实现美国的这一目标。但是墨西哥却持有相反的观点，墨西哥认为，保护海豚的生命和健康不应该只在东热带太平洋区域进行，应该在全世界整个水域进行，不仅如此，墨西哥还进一步指出，保护海豚生命和健康的最好办法是国际合作，而不是采取贸易禁令等歧视性贸易限制措施。③ 除此之外，在该案例中还有一个之前相关案例中不曾出现的新情况，就是有关管辖权的问题。对于20条（b）款可以保护其本国领土内动物或植物的生命或健康，但是墨西哥质疑的是该条款是否可以用来保护国际地区或在其他缔约方领土内的动物或植物的生命或健康问题。④

该案例的另一个争议点就是美国是否可以依据20条（g）

① Panel Report, United States-Restrictions on Imports of Tuna, DS21/R-39S/155, 1991 September, para. 3.1.

② 同上，para. 3.6.

③ 同上，para. 3.34.

④ 同上，para. 3.35.

款获得免责的问题。该条款主要是针对可耗竭资源的保护。而针对“可耗竭资源”这一个概念的理解，美国和墨西哥存在分歧。依据专家组在之前美国禁止加拿大金枪鱼案中的分析，美国认为可以判定海豚属于可用竭资源的范畴。[①] 之后，美国又进一步指出，对于“可耗竭资源”的理解并不能决定现在自然资源必须耗竭或者受到类似的威胁，[②] 因为在第 20 条（g）款中的措辞用的是“可耗竭的自然资源”，而不是“已耗竭的自然资源”或“几乎耗竭的自然资源”。[③]

但是墨西哥却不认同美国的观点，并辩称“可耗竭资源”不包括渔业和渔业产品，也不应该包括任何生物，而应该是一旦被开采或利用就不能再利用的资源。[④] 除此之外，墨西哥再一次指出有关于管辖权的问题，并认为第 20 条（g）款并没有赋予美国对其他契约国境内的可耗竭资源进行保护的权利。[⑤] 也就是说，美国应该保护本国领土上的可耗竭自然资源而实施相应的限制，例如出口的限制或者生产或者消费的限制等等。

但是美国却根据《濒危野生动植物种国际贸易公约》的相关规定指出其有义务禁止进口产品，以保护在该缔约方管辖

---

① Panel Report, United States-Restrictions on Imports of Tuna, DS21/R-39S/155, 1991 September, para. 3.40.

② 同上，para. 3.42.

③ 同上，para. 3.46.

④ 同上，para. 3.43.

⑤ 同上，para. 3.47.

范围以外发现的濒危物种。[①] 而且，美国还进一步指出，只有在东太平洋热带海域的金枪鱼捕捞存在对海豚的伤害威胁，因此，美国将其范围限定在东太平洋的热带海域所有采用网捕捞金枪鱼的国家。[②]

专家组通过对相关案例的审核认定美国对墨西哥的进口禁令违背了其在总协定下有关数量限制的义务。[③] 因此，专家组便依据第 20 条的（b）款和（g）款对其争议措施进行审核，以确定是否能够获得免责。在其审核过程中，专家组首先明确指出（b）款是对于人、动物或植物的生命或健康的保护，但是这种保护是否限于有关缔约方的管辖范围内，仅从字面上看，并不能找到明确给出的答复。[④] 但是，根据该条款的历史，专家组最终认定该保护应该限于有关缔约方的管辖范围之内。[⑤]

跟之前的案例相类似，专家组再次强调指出限制措施必须是“必要的”的措施，而不是变相的贸易限制手段。由于美国的贸易限制存在不可预测的情况，因此认定为不符合第 20 条（b）款的要求。紧接着专家组又讨论了该争议措施在 20 条（g）款下的合理性问题。

从该条款的字面解释上来看，专家组认为第 20 条（g）

---

① Panel Report, United States-Restrictions on Imports of Tuna, DS21/R-39S/155, 1991 September, para. 3. 36.

② 同上，para. 3. 53.

③ 同上，para. 5. 18.

④ 同上，para. 5. 25.

⑤ 同上，para. 5. 26.

款的目的是对其管辖范围内的生产或消费实施有效的限制，①除此之外还要求所实施的措施与“可耗竭资源”相关，而且措施不能是变相的进口限制措施。因此，除了不满足域内管辖权要求外，由于争议措施的不可预见性，专家组认定其不符合第20条（g）款的要求。②

上述案件主要是在GATT时代有关第20条相关条款的争议案件。从这些案件中可以看出，第20条虽然给予成员国违背总协定情况下其他条款义务的例外，但是这些例外并不是没有条件的。通过以上案件我们可以看出，所有的争议措施的实施目的都能满足相关条款的要求，但是仍然没有通过审核的主要原因是存在符合GATT要求的合理替代措施。

例如在美国的337条款案件和泰国的香烟案中，都提出存在类似的替代措施。但问题是，专家组并没有对争议措施和替代措施进比较研究，也就没有考虑替代措施是否能够实现争议措施所要实现的保护目标。由此可见，我们在政策制定的时候，需尽量采取与总协定不相违背的措施，或者违背程度尽可能低的措施。这也就要求我们，尽量不采取不必要的贸易限制措施，或者说在相关措施的实施过程中尽量地不要存在差别对待。

---

① Panel Report, United States-Restrictions on Imports of Tuna, DS21/R-39S/155, 1991 September, para. 5.32.

② 同上，para. 5.33.

3.3.2.4 美国汽油标准案

美国汽油标准案是在WTO成立之后，诉诸WTO争端解决机制的一个比较有代表性的案件。巴西首先要求与美国就其有关汽油标准问题进行商讨，但是由于没有达成一致的协议，巴西将该案件诉至WTO争端解决机制。

该案件源于美国《清洁空气法》的修订。该法案颁布的主要目的是减少有害气体的排放，改善国家空气质量问题。在1990年的修订过程中针对汽油的成分和排放标准对美国的炼油厂和进口商等都提出了要求。其相关条例中对汽油质量的标准提出了要求，以减少机动车排放造成的空气污染。

为了改善美国境内的空气质量，美国采取了严格的环境标准和规定。但是委内瑞拉和巴西却认为，美国在其政策的实施过程中对于进口产品和对于国内同类产品所采用的标准是不同的，对于进口汽油的标准要高于美国炼油商所要满足的标准。而且，在美国的相关规定中存在着不同的标准要求，这些要求构成了歧视，因此，他们认为美国在政策实施过程中存在歧视，目的是给国内生产提供保护，违背了其在总协定下的基本义务。①

但是，美国却认为其规则不存在歧视性规定，即使存在也可以通过援引第20条被认定为合理的措施。② 空气污染对人

① Panel Report, United States-Restrictions on Imports of Tuna, DS21/R-39S/155, 1991 September, para. 3.34.

② 同上，para. 3.37.

类健康造成威胁的事实已经得到证实，因此，它属于第 20 条（b）款的范畴。而且，在其实施的过程中，也并没有存在不必要的歧视。

然而委内瑞拉和巴西则认为，在本案件中我们需要关注的不是是否有必要执行争议案件，而是要考虑为了达到政策目标，在措施的实施过程中是否有必要给予国内汽油和国外汽油不同的待遇。① 因为美国并没有证实其贸易政策是较低程度的贸易限制，不仅如此，委内瑞拉还提出了合理的替代办法，因此美国的措施不满足第 20 条（b）款的要求。

在该案件的审理过程中，专家小组认同了巴西和委内瑞拉的观点，认定美国在其政策实施过程中违背了其在总协定下的相关责任。接下来专家组便依据第 20 条的（b）款和（g）款来考查相关条款是否能够被认定为合理的。为了确定争议条款是否符合第 20 条（b）款的条件，专家组对美国提出了三个举证要求：第一，相关政策需要符合保护人类动植物健康的范围；第二，争议措施需要是履行其政策目标的必要措施；第三，措施的实施要符合第 20 条前言的要求。②

在案件的审理过程中，专家组首先明确了一点，其任务是审核与 GATT 不一致的争议措施是否是实现其环境目标的必要措施，而不需要去审查汽油规则中的环境目标是否是有必要

---

① Panel Report, United States-Restrictions on Imports of Tuna, DS21/R-39S/155, 1991 September, para. 3. 38.

② 同上，para. 6. 20.

的，或者部分与总协定不相符的规则的环境目标是否是有必要的。[①] 对于美国的举证，专家组并没有完全认同，并最终认为美国的标准没有满足第20条（b）款中必要性的要求，因此也不需要去考察条款是否满足第20条的前言。

接下来，专家组审核了争议条款在第20条（g）款项下的合理性。在该案件中，美国和委内瑞拉就针对清洁空气究竟是否属于可耗竭资源存在争议。美国认为清洁空气属于可耗竭资源，因此其政策可以依据第20条（g）款获得免责。而委内瑞拉则认为清洁空气与煤炭石油等可耗竭资源不同，属于可再生资源。[②] 专家小组则认同美国的观点，将清洁空气认定为一种有价值的可耗竭的自然资源。[③]

专家组接下来又审核了与总协定相违背的争议方式是否与清洁空气的保护是相关的。针对这一争议，委内瑞拉则强调应将"相关性"理解为"主要目的"。[④] 也就是说委内瑞拉要求强调争议措施对于实现其目标的贡献程度应该是"主要目的"而不仅仅是"相关"。

针对这一争议，专家小组认同了委内瑞拉的观点，认为争议措施的主要目的应该是保护可耗竭的自然资源。[⑤] 因此，专家小组便进一步审查美国实施政策的主要目标是否是实现汽油

---

① Panel Report, United States-Restrictions on Imports of Tuna, DS21/R-39S/155, 1991 September, para. 6.22.

② 同上，para. 3.60.

③ 同上，para. 6.37.

④ 同上，para. 6.38.

⑤ 同上，para. 6.39.

规则中所说的可耗竭资源。最终专家小组认为美国实施的措施与其在总协定中的相关义务相违背，而且依据第 20 条的相关规则也不能被认定为合理的。

然而美国不赞同这一结论，并将该案件诉至上诉机构。上诉机构对于该案件主要从以下三个方面进行了审核，进而认定相关案件是否符合 WTO 的相关规则。

首先，上诉机构审查了专家组在第 20 条前言和第 20 条（g）款项下有关“措施”的理解。在该案件中的争议点就是措施指的是“整个汽油规则”，还是其中“部分针对进口商和国内厂商的标准”。[①] 在小组报告中，专家小组认为，只有针对不同厂商的标准是与总协定下的义务相违背的。[②]

其次，上诉机构审查了“与可耗竭资源的保护有关……”的解释。上诉机构专家小组意识到，在小组报告中，专家小组将“清洁空气”认定为“可耗竭的自然资源”，但是在其结论中，却因为“存在歧视的标准要求”，其主要目的是不是为了保护可耗竭资源，因此认定其不属于第 20 条（g）款的管辖范围。[③] 上诉机构还发现，专家组在其审查的过程中，审查“对进口石油的区别对待”的主要目的是否是为了可耗竭资源的保护，而不是审查具有争议的“汽油标准”的主要目的是

① Report of the Appellate Body, United States-Standards for Reformulated and Conventional Gasoline (hereinafter United States-Gasoline case), 1996, April 29, para. 13.

② 同上。

③ 同上，para. 14.

否是为了可耗竭资源的保护。① 上诉机构认为在第 20 条的前言中明确了第 20 条（g）款审查的是措施本身，而不是措施产生的效果。②

除此之外，上诉机构依据维也纳条约法公约中第 31 条的内容③，认为对于“与可耗竭资源的保护有关……”的解释应该根据具体的情况，审查事件在争端中的事实和法律背景，也不能忽视成员国用来表达其意图和目的的措辞。④ 因此，上诉机构认为不能否认争议规则只是偶然或无意地旨在保护可耗竭的自然资源。⑤

最后，上诉机构审查了关于争议措施是否是“有效保护可能耗竭的天然资源的有关措施”。美国在其上诉中指出，专家组没有进一步在第 20 条（g）款下判断争议措施的合理性。在小组报告中，巴西和委内瑞拉认为争议措施的主要目的并不是保护可耗竭资源。而且，在委内瑞拉的上诉报告中曾明确强调争议措施不仅要反映其保护可耗竭资源的目标，而且必须存在积极的效果。

上诉机构依据条约解释规则，对于“与国内限制生产与

---

① Report of the Appellate Body, United States-Standards for Reformulated and Conventional Gasoline（hereinafter United States-Gasoline case）, 1996, April 29, para. 13.

② 同上。

③ 有关于条约的解释，该公约的第 31 条规定：“条约应依其用语按其上下文并参照条约之目的及宗旨所具有之通常意义，善意解释之。”

④ Appellate Body Report, hereinafter United States-Gasoline case, para. 17.

⑤ 同上。

消费的措施相配合”理解为针对进口石油和国产石油所涉及的限制措施。而对于“主要目的”的理解，上诉机构则认为，其主要目的体现在“一项具体的措施在任何可能的情况下是否能对保护目标产生任何积极的影响”。如果不能，那么措施的主要目的就不能理解为对自然资源的保护。①

上诉机构最终认为，争议措施属于（g）款的范围，接下来探讨了争议措施是否满足第20条前言的要求。在此，上诉机构提出了“两层分析法”②。第20条前言要求争议措施在实施的过程中不能构成“武断的或不合理的差别待遇，或构成对国际贸易的变相限制”。上诉机构指出，虽然在条款中并没有详细指出“变相限制”的基本情况，但是我们可以理解为以例外为幌子，采取一些任意的或者不合理的歧视。③ 上诉机构最终认为争议措施虽然在第20条（g）款的范围内，但是不满足前言的要求。

3.3.2.5 美国海龟海虾案

1996年，印度、马来西亚、巴基斯坦和泰国要求与美国就其对限制部门海虾产品进口的措施进行协商。由于没有达成一个满意的协议，因此马来西亚和泰国要求争端解决机构建立专家组，审查美国的海虾进口限制措施是否符合其在总协定下

① Appellate Body Report, hereinafter United States-Gasoline case, para. 22.

② 同上，para. 22. 上诉机构明确了两层分析法的要求，即例外的理由应该是第20条（g）款的范围；还要依据第20条前言的内容进行进一步的评估.

③ 同上，para. 22.

的基本义务。

事件的起因是 1987 年，美国依据《濒危物种法》实施了相关规定，要求在海龟死亡率较高区域所有捕虾的拖网渔船要配备海龟逃生装置或者限制拖网的时间。其原因是人类的活动对海龟的生存环境产生了极大的影响，在美国，海龟已经被列为濒危野生物种。1989 年美国颁布了 608 条例，通过双边和多边协定来减少对海龟产生不利影响的商业渔业活动。而且还规定，对于通过对海龟产生不利影响的技术来捕捞的海虾将被禁止进口到美国，以此来达到保护海龟的目的。此后，美国还提出了相关准则来明确不会对海龟生存构成威胁的捕捞方式和情况。

但是，印度、马来西亚、巴基斯坦以及泰国认为美国的相关措施违背了在总协定下有关数量限制的规定。在案件的审理过程中，专家小组赞同美国的观点，认为海龟的生存环境正遭受海洋污染和栖息地破坏的影响，商业渔业活动中的一些不合理的捕捞方式也会对海龟的生存产生影响。目前大多数海龟被认为是濒危物种或遭受濒危威胁，1973 年《濒危物种国际贸易公约》将美国水域范围内的海龟列为濒危物种或遭受濒危威胁。

在该案件中，印度、巴基斯坦和泰国认为，美国对于产品的进口限制违背了总协定第 11 条的规定，而这一观点也得到了专家组的认可。除此之外，印度、巴基斯坦和泰国声称，禁止进口未经认证的国家的虾和虾产品也不符合总协定中有关最惠国待遇原则的要求，因为无论该国家是否经过认证，虾和虾产品都不应该区别对待。

由于专家组认同了原告的观点，认为美国的进口限制措施违背了其在总协定条款下有关数量限制的规定，因此，专家组并没有审查争议措施是否违背最惠国待遇的争议。而是在第20条下，审查了争议措施是否能够依据第20条（b）款和（g）款而被免责。

在审查的过程中，专家组使用了上诉机构的审查方法。在判断争议措施是否能够依据第20条而获得免责，它不仅要属于第20条下的免责范围，还要符合第20条前言的要求。[①] 因此，专家组首先审核了争议条款是否满足第20条前言的要求。[②]

而对于争议措施是否满足第20条，双方也存在争议。原告国认为，争议措施在实施的过程中构成了任意或者不合理的歧视，[③] 而美国则认为其措施中的条件要求对于所有出口国都是一致的。[④] 因此，专家组根据《维也纳条约解释公约》的相关规定，在对前言的解释中，按照条款的一般含义、上下文以及总协定和世贸组织的目标和宗旨对其进行了解释[⑤]。专家组

① Panel Report, United States- Import Prohibition of certain Shrimp and Shrimp Products, 1998 May 15, WT/DS58/R, para. 7.28.

② 同上，para. 7.29.

③ 同上，para. 7.31.

④ 同上，para. 7.32.

⑤ 同上，para. 7.33.

认为第20条前言要求，相关措施在其实施的过程中，对相同条件下的国家不能构成“任意或不合理歧视”，而且，美国的争议措施所针对的国家是在海龟和海虾同时出现的水域捕捞海虾，并出口到美国的相关出口国，因此，专家组认为这一措施在实施中条件要求是一致的，而所谓“存在的歧视”是指，对于认证国虾的出口是被允许的，而没有被认证国虾的出口是被限制的。① 根据条款解释规则，专家组认为，第20条的前言允许争议措施存在歧视，但是不允许措施通过“任意”或“不公平”的方式实施。②

但是，条款中并没有明确“任意”或者“不公平”的具体情况是怎样的，因此需要在具体的情况下，由专家组对其进行解释。在该案例中，专家组则根据上下文依据协定的目的和宗旨对于“不合理”一词进行解释。专家组从多边贸易关系的安全性和可预测性出发，认为不能允许成员国采取有限制的市场准入政策。③ 因此，争议措施没能满足第20条相关措施的要求，因此不能被认定为合理。

但是美国并不赞同专家组的结论，并诉至上诉机构，上诉机构在案件的审查过程中指出：专家组首先没有审查第20条条款的词语含义，且忽视了第20条中所提到的措施的实施方

---

① Panel Report, United States- Import Prohibition of certain Shrimp and Shrimp Products, 1998 May 15, WT/DS58/R, para. 7.28.

② 同上。

③ 同上，para. 7.45.

式。[①] 上诉机构并没有去调查609条款是否构成了任意或者不合理的歧视，而仅仅侧重于措施本身的设计。[②] 专家组审核的不是第20条的目的和宗旨而是总协定和世贸组织的目的和宗旨，因此认定“破坏世贸组织多边贸易体系的措施”不在其范围内。[③] 也就是说，专家小组在案件的审理过程中，首先审核的是争议措施是否符合第20条前言的要求，然后再审核是否属于第20条下相关条款的范畴。上诉机构认为，专家小组的审核的顺序存在问题，因此重新审查了609条款是否能够在第20条款下获得免责。

上诉机构依据两层递进法对案件进行了审核，首先认定609条款属于第20条（g）款项下的可耗竭资源的范畴；[④] 接着上诉机构审查了争议措施与其目标之间的关系，并认为609条款属于第20条（g）款中的可耗竭资源之间存在相关性；[⑤] 最后审查了进口虾的限制是否也对美国类似产业实施了限制。[⑥] 在经过审查之后，上诉机构认为，争议措施是一个公平的措施，符合第20条（g）款的规定。

上诉机构接下来审查了争议措施是否满足第20条前言的要求，并拒绝了美国提交的报告，认为争议措施的目标不满足

---

① Appellate Body Report, United States-Import Prohibition of Certain Shrimp and Shrimp Products, WT/DS58/AB/R 12 October 1998, para. 46.

② 同上，para. 42.

③ 同上。

④ 同上，para. 50.

⑤ 同上，para. 54.

⑥ 同上，para. 58.

第20条前言的合理性标准。在审理过程中，上诉机构考察的三个要素分别为在相同国家之间是否存在任意的歧视、相同国家之间是否存在不公平的歧视以及国际贸易中是否存在变相的限制。[1] 但是争议措施没有通过上诉机构的审查，没有满足第20条前言的要求。

美国石油标准案和海龟海虾案件中，上诉机构使用两层分析法来审核争议措施是否符合第20条的相关规定，在案件的审核过程中，上诉机构明确了两层分析法的先后顺序，即首先要判断争议措施是否满足第20条下各相关条款的要求，在符合要求之后，才会审核争议措施是否满足第20条前言的要求。

上诉机构对于各条款会按照公约解释通则进行解释。无论是在美国的石油标准案件还是海龟海虾案件中，无论是专家组还是上诉机构，在案件的审理过程中都提到了相同的解释规则。而在审查对于争议措施是否符合前言要求的过程中，则针对争议措施的执行方式提出了三个审核标准，即在相同条件的国家下，审核其是否存在“任意的歧视”“不合理的歧视”以及“变相的限制”。

3.3.2.6 石棉案

考虑到了工人和消费者的健康问题，法国实施了相关措施限制石棉以及石棉产品的进口。就此问题，加拿大在1998年

① Appellate Body Report, United States-Import Prohibition of Certain Shrimp and Shrimp Products, WT/DS58/AB/R 12 October 1998, para. 60.

与法国就其对石棉以及与石棉有关产品的相关措施进行了商谈。加拿大认为，法国的相关措施与总协定中的数量限制规则以及国民待遇规则存在不符，而且其制定的标准对国际贸易造成了不必要的阻碍。由于没有达成协议，该争议被诉至世贸组织的争端解决机构，希望专家组能够依据 SPS 协定、TBT 协定以及总协定的相关规则对法国实施的相关措施进行审核。

在总协定第 20 条的范畴下，在该案件的审理过程中，专家组审查了石棉以及石棉相关产品对于人类健康的危害，也审查了有关石棉纤维和替代产品的相似性问题。专家小组认为，由于争议产品之间存在相似性，并进而认定争议措施对于相似产品采取区别对待，违背总协定项下的相关规定。考虑到总协定第 20 条中的一般例外条款，提供了若干例外规定，因此专家组进一步审查了这些例外条款的适用性。

法国对于争议措施的实施主要是鉴于工人和消费者的人身安全问题。因此，专家组在第 20 条（b）款项下审查一般例外的适用性。鉴于之前案件的审理经验，专家组对于第 20 条一般例外条款的审理顺序是先审查相关条款是否满足第 20 条（b）款的条件，再审查其是否满足第 20 条前言的规定。

对于第 20 条（b）款的适用审查过程中，专家组首先强调，既然政策实施的目标是人类的健康，因此，这就意味着存在健康的风险。[1] 接下来，专家组又明确指出，不会干涉法国为保护国民健康而采取何种措施，更不会干涉法国对国民健康的保护所希望达到的保护水平。[2] 对于争议措施的必要性问题的分析，专家组首先注意到需要考虑是否存在与总协定相一致或者不一致程度相对较低的措施的存在。

由此可见，在有关争议措施必要性的审核过程中，上诉机构也基本上延续了之前类似案件的审核方式来进行审查。但不同的是，专家小组考虑到了健康问题的严重程度。[3] 不仅如此，专家小组也意识到，成员国对于健康的保护程度不同也会使相关措施的严格程度产生区别。保护程度越高，措施的严格程度也就越高；相反，保护程度越低，那么措施的严格程度也会相应降低。

在该案件中，专家小组也明确了审核争议措施在第 20 条（b）款的合理性的时候，所要考虑的相关因素，包括：1. 是否存在一个对健康的威胁；2. 成员国所希望达到的保护水平；3. 在实现相同健康目标的前提下，是否存在一个与总协定相一致或者尽可能相一致的措施。[4]

专家组在对案件的审核过程中，也充分考量了这些要素。与之前案件相比，需要特别指出的是，专家小组在对于第 3 点

---

① Panel Report, European communities-measures affecting asbestos and asbestos-containing products, para. 8. 170.

② 同上，para. 8. 171.

③ 同上，para. 8. 176.

④ 同上，para. 8. 179.

的审核时，会有更多因素的权衡，以达到一个合理的、稳定的、可预期的结果。

在美国337条款案件中，在如何确定是否是“最低贸易限制”这个问题时，专家组就曾明确指出：“如果存在一个可以合理利用的措施，而且该措施与总协定中的一般条款又不存在冲突，那么在这种情况下，其成员国所实施的与总协定存在冲突的措施就不能被认定为必要措施。”①

但是如何理解“合理利用”这个含义，专家组没有明确做出解释，在之后的案件中，也并没有对这个问题进行解释。直到石棉案件，专家组指出了“合理利用的措施”并不能简单地考虑行政上的实施难度，而应该从成员国的经济和行政现实出发，多方面因素进行综合的考量。② 也就是说，不能因为该争议措施比另一项措施更容易实施就应该被认为是合理的。

3.3.2.7 巴西轮胎案

巴西轮胎案是另一个有代表性的适用第20条例外条款的案例。该案例的起因是巴西对翻新轮胎的进口实施了相应的限制措施，包括禁止发放翻新轮胎许可证，禁止进口废旧轮胎，对废旧轮胎的进口、销售、运输及储存等征收罚款，但是巴西却将南方共同市场的其他国家排除在禁令之外。在协商没能解决的情况下，欧共体向争端解决小组提交了申请。

---

① Panel Report, European communities-measures affecting asbestos and asbestos-containing products, Supra note 25.

② 同上，supra note 89, para. 8.207.

欧共体认为，巴西的轮胎禁令通过进口许可证的方式禁止了废旧轮胎的进口，属于总协定下第 11 条的数量限制条款。除此之外，巴西对进口另一成员国领土上的产品实行了除关税、税收及其他费用以外的限制，对于进口的翻新轮胎征收相应的罚款，使其无法享受到国内产品相同的待遇，因此违反了第 3 条第 4 款中的相关规定。①

但是巴西方面却认为，其对于进口轮胎所实施的限制能够依据第 20 条被认定为合理，因为其实施限制的目的是保护人类和动植物的健康，以及对环境实施相应的保护，进而使得巴西人民能够远离废弃轮胎所带来的风险，符合第 20 条（b）款的要求。② 而对于欧共体有关罚款的质疑，巴西则认为，其做法一方面是为了保护人类和动植物的健康，另一方面也是为了确保其进口禁令能够较好地被遵守。③ 对于南方市场国家的豁免则是为了遵守其在南方共同市场下的义务，这一义务本身并没有与总协定的相关条款相违背，因此该举措应该依据第 20 条（d）款而被认定为合理的措施④。

巴西方面还进一步强调，其进口禁令不仅符合第 20 条（b）款所涉及的范围，在实施的过程中也符合第 20 条前言的要求。而且巴西还特别指出，需要考虑到健康和环境保护等议

① Panel Report, Brizil-Measures Affecting Imports of Retreaded Tyres, WT/DS332/R, 12 June 2007, para. 3. 1.

② 同上，para. 4. 9.

③ 同上。

④ 同上。

题在发展中国家一直比较敏感。[①] 巴西强调，跟发达国家相比，发展中国家的废旧轮胎比较有市场，其原因是发展中国家的消费者更容易受价格的影响，但是发达国家的成员则会更多地考虑到安全质量，而不会考虑废旧轮胎。[②] 在这种情况下，随着废旧轮胎的增加，也带来了许多废弃问题，因此巴西认为不需要进口更多。[③]

围绕有关措施是否能够依据总协定第 20 条获得免责的争议，巴西认为其进口禁令的实施能够避免因废旧轮而对健康和环境所带来的危害，满足第 20 条（b）款的条件，因此应该被免责。[④]

但是，欧共体方面却并不认同巴西的观点。欧共体首先援引了专家小组在美国汽油案件中的观点，认为其所实施的政策目标首先需要以保护人类的生命或健康为目标，其次，所实施的措施是实现这一目标的必要措施，然而巴西的相关措施并不满足这两个条件。[⑤] 接下来，欧共体又援引上诉机构在石棉案中的论断，即对于人类生命和健康的保护意味着存在健康风险的存在。[⑥]

在此之后，双方还针对政策目标，对人类健康存在的风

---

① Panel Report, Brizil-Measures Affecting Imports of Retreaded Tyres, WT/DS332/R, 12 June 2007, para. 4. 6.

② 同上。

③ 同上。

④ 同上，para. 4. 9.

⑤ 同上，para. 4. 10.

⑥ 同上。

险，有毒化学物质，以及重金属排放对于环境可能产生的影响等问题进行了讨论。除此之外，在有关措施必要性的探讨中，双方针对所保护目标的重要性，政策措施对于目标的贡献程度，禁令是否减少了巴西废旧轮胎的数量，以及是否存在替代措施进行了讨论。

总协定第20条（b）款是为了保护人类及动植物的生命和健康。因此巴西和欧共体双方针对这一政策目标进行了讨论。在讨论的过程中，巴西指出减少废旧轮胎的数量有助于减少一系列疾病、环境污染以及其他相关风险的发生，能够避免因废旧轮胎的废弃和在处置过程中所产生的健康和环境风险。① 巴西还进一步明确，只有废旧轮胎消失才能够实现其所要达到的保护水平，因此进口禁令是必要的。②

巴西参考了之前石棉案例的审理过程，在讨论的过程中，明确了其措施目的以及保护水平。但是欧共体却认为，相比石棉，废旧轮胎对于人类的危害并不那样明确。

巴西认为对于南方市场的豁免并没有构成任何歧视，因为它是根据南方共同市场仲裁庭的裁决而作出的规定。专家小组最终的建议则认为，巴西虽然提到了因累积和废弃等问题而产生的风险，但却没有充分证实其在第20条（b）款中所提及的风险。最终判定其废旧轮胎进口许可证的禁止发行并不满足第20条（b）款的规定。

---

① Panel Report, Brizil-Measures Affecting Imports of Retreaded Tyres, WT/DS332/R, 12 June 2007, para. 4.11.

② 同上，para. 4.13.

针对废旧轮胎存在健康隐患的质疑，巴西认为，巴西的登革热及疟疾的发病率与废旧轮胎存在着关联性，而且欧共体在之前也曾认可这一观点。[①] 主要原因是废旧的轮胎是携带病菌的蚊子的理想繁殖地，而且在运输的过程中也会产生传播风险。[②] 世界卫生组织已将登革热列为国际的公共卫生问题，这一病毒使人出现高烧、疼痛等症状，严重还会致人死亡。而在美洲的病例中，有70%是发生在巴西，可见这一问题在巴西的严重性。[③]

在双方进行有关必要性的讨论时，巴西根据在之前的韩国牛肉案例中，上诉机构对于条款必要性的检测方法，即通过"衡量和平衡一系列因素"来确定争议措施是否必要。需要衡量和平衡的因素包括：1. 该措施所保护的利益的重要性；2. 该措施对最终目标的贡献；3. 该措施的贸易影响；4. 存在合理的可供选择的替代措施。[④] 欧共体也认同巴西提出的方法，但是欧共体也特别指出，在韩国牛肉案中，对于"必要性"的理解提出了一个比较高的标准，即认为"必要性"更应该接近于"必不可少"的意思。[⑤]

由于，在判断争议措施的必要性时，需要平衡和衡量一系列的相关因素，进而能够比较科学全面地得到一个合理的结

---

① Panel Report, Brizil-Measures Affecting Imports of Retreaded Tyres, WT/DS332/R, 12 June 2007, para. 4. 24.

② 同上，para. 4. 26.

③ 同上，para. 4. 28.

④ 同上，para. 4. 38.

⑤ 同上，para. 4. 43.

论，因此，巴西和欧共体双方分析了本案中所涉及的一系列相关因素。

首先，双方讨论了争议措施所保护目标的重要性。巴西认为，其措施的目的是为了保护人类和动植物的生命和健康。在石棉案例中，争端解决小组就曾明确指出对于人类健康的保护具有最高程度上的重要性。① 但是欧共体却认为，该争议措施的目标是保护国内新轮胎和废旧轮胎的生产商，并不是为了保护人类和动植物的健康。②

其次，双方讨论了争议措施对于实现其目标的贡献程度。巴西认为进口禁令能够有效地减少因废旧轮胎的累积和处理而带来的风险③，并实现其所要达到的保护程度。④ 但是欧共体却认为巴西并没有证明进口禁令对于人类及动植物的保护有贡献，且不能因为争议措施的保护目标是人类和动植物的健康就能够被认为争议措施是必要性的措施，还需要充分地考虑争议措施的贸易影响和其他可替代措施是否合理等一系列问题。⑤ 除此之外，还需要考虑争议措施的有效性问题，即争议措施是否能够减少废旧轮胎的累积，而废旧轮胎累积的减少是否能够降低人类和动植物的风险。

最后，双方还就是否存在合理的替代措施问题进行了讨

---

① Panel Report, Brizil-Measures Affecting Imports of Retreaded Tyres, WT/DS332/R, 12 June 2007, para. 4. 44.

② 同上，para. 4. 45.

③ 同上，para. 4. 46.

④ 同上，para. 4. 47.

⑤ 同上，para. 4. 49.

论。由于双方对于进口禁令是否是保护人类健康和环境的必要措施的认识上存在不同意见，因此需要进一步讨论是否存在合理的替代措施。欧共体认为巴西需要证明除了进口禁令以外不存在其他的合理替代措施，同时，欧共体也提出了几个替代措施可以用来提高巴西对于其境内废旧轮胎的管理，例如控制性储存、填埋以及能源回收等方式。① 而巴西首先明确了哪些不能作为可替代措施，包括理论上的措施，给实施方增加负担的措施，不能达到期望保护水平的措施等。

针对双方的论证，专家小组认为，禁止发放废旧轮胎的进口许可证以及禁止废旧轮胎的进口都与总协定第 11 条的相关规定不一致。接下来，专家小组依据第 20 条来审核争议条款是否可以被免责。

在对于第 20 条（b）款的适用性上，专家小组依据之前在石棉案例的相关结论，认为首先需要判断是否存在健康风险，接着需要判断争议措施的目标是不是为了降低这一风险。因此，在案件的审理过程中，专家小组认为，首先需要探讨废旧轮胎的累积与人类或动植物的生命和健康之间是否存在联系。经评估，专家小组认为蚊虫传播的疾病对人类健康和生命造成的风险与废旧轮胎的累积和运输存在相关性。② 最后，专家小组认为巴西的争议措施属于第 20 条（b）款的范畴。

在判定争议措施属于第 20 条（b）款的范畴之后，专家

---

① Panel Report, Brizil-Measures Affecting Imports of Retreaded Tyres, WT/DS332/R, 12 June 2007, para. 4. 171.

② 同上，para, 7. 71.

小组就开始判断争议措施是否是第 20 条（b）款下的必要措施。专家小组认同应该通过“平衡和衡量”一系列的相关因素来判定其必要性，这些因素包括：被质疑措施所追求的利益或价值的相对重要性，该措施对实现其目标的贡献以及该措施对国际商务的限制性影响。①

专家小组在对所追求的利益或价值的重要性进行判断时，认同了巴西的观点，认为没有什么利益比保护人类健康及保护环境重要。② 接下来，专家小组判断了进口禁令是否有助于废旧轮胎的减少，以及废旧轮胎的减少是否有助于风险的降低。专家小组认为，禁止废旧轮胎的进口能够降低废旧轮胎的数量，进而降低因废旧轮胎给人类以及动植物带来的风险。

接下来专家小组需要判断是否存在合理的替代措施，如果存在，那么争议措施就不能被认定为合理。专家小组分别讨论了欧共体所提出的替代措施，经分析后专家小组指出，欧共体所提出的这些替代措施存在两个问题：一个是不能实现巴西所要达到的保护水平，另一个是这些替代措施也可能存在一些风险问题。此外，专家小组还专门指出一些替代措施都是为了应对废旧轮胎的管理和处置问题，只能算是巴西对于废旧轮胎进行处理战略的一部分内容，并不能完全消除废旧轮胎所产生的风险。③ 因此，专家小组认为巴西的措施能依据第 20 条（b）

① Panel Report, Brizil-Measures Affecting Imports of Retreaded Tyres, WT/DS332/R, 12 June 2007, para. 7.104.

② 同上，para. 7.108.

③ 同上，para. 7.214.

款而被认定为合理。

在确定了争议措施能够依据第20条（b）款被认定为合理之后，专家小组又进一步审核了争议措施是否满足第20条前言的规定。第20条的前言是确保第20条的例外条款不被滥用。依据前言的规定，第20条允许成员国采取一些例外措施，但是不允许这些措施在实施的过程中构成"武断的或不合理的差别待遇"。因此在该案件中，上诉机构需要审查进口禁令在实施过程中是否存在不合理的差别对待行为。针对这一关键点，巴西的相关争议措施是否属于不合理的差别对待成了争议的核心。针对这一问题，专家小组首先认定巴西的相关措施构成了差别对待，按照之前对前言解释，专家小组需要进一步审核巴西的差别待遇是否构成"武断或不合理的待遇"。在审核的过程中，专家小组认为，对于南方市场国家的豁免是依据相应的规则来实施的，因此并不能被认定为存在武断的不合理待遇问题。①

在案件的审理过程中，专家小组审核了进口禁令对实现其目标的贡献程度，并对可能存在的替代措施进行了审核与分析，并平衡和衡量了一系列相关因素。在对进口禁令贡献度的分析上，专家小组首先会分析其措施的目标是什么，然后判断其所追求的目标是否在一般例外条款的例外范畴里面。除此之外，专家小组还会明确成员国所追求的保护水平。

---

① Panel Report, Brizil-Measures Affecting Imports of Retreaded Tyres, WT/DS332/R, 12 June 2007, para. 7.289.

上诉机构在对该案例进行审核的过程中，首先采取了两层递进分析法来分析该争议措施是否属于第20条（b）款的例外范围。如果属于，那么就探讨是否存在合理的替代措施，如果替代措施既能达到争议措施所要追求的目标，而且对贸易的影响又比较小，则争议措施就不能被认定为合理。上诉机构基本认同专家小组对于替代措施的分析结果。

接下来，上诉机构进一步分析了专家小组平衡和衡量的一系列相关因素，即进口禁令所追求的目标，其对实现目标的贡献以及贸易限制程度等问题，也赞同专家小组的分析与结论。上诉机构也认同了欧洲石棉进口限制案中上诉机构的观点，即对“人类的生命和健康的保护”是至关重要的。①

一项争议措施的保护目标越是重要，那么这个措施被认定为合理的可能性就会越高。在分析进口禁令对政策目标的贡献时，上诉机构会参考专家组的分析方法，即只要政策目标与争议措施之间存在目的和手段（means and ends）的合理关系时，就可以认定存在贡献；而在对贡献程度的分析上，上诉机构会认为可以通过定量或定性的方式进行分析。② 不仅如此，在分析争议目标的贡献程度时，上诉机构还意识到了公共卫生和环境问题的复杂性及问题显现的滞后性，因此允许借助一些未来的定量预测或经过充分的证据检验和支持的定性理论来进行判断。③

---

① Appellate body Report, Brizil-Measures Affecting Imports of Retreaded Tyres, WT/DS3 32/AB/R, 2007, December 3, paras. 178 - 179.

② 同上，paras. 145 - 146.

③ 同上，paras. 151 - 153.

在确定该替代措施的必要性之后，上诉机构还会在争议措施与可替代措施之间进行比较分析。在比较分析的过程中，参考了美国博彩案的相关结论，明确指出需要参考的因素：第一，所审查措施的贸易限制性；第二，所审查措施的贸易保护水平是否一致；第三，替代措施的可行性，也就是说替代措施的实施不能给实施方增加不合理的负担，如禁止费用或技术困难等。① 因此，在这一论断下，上诉机构认为欧共体所提出的替代措施对实施方的资源投入、技术投入的要求比较高，不仅如此，这些替代措施与进口禁令是互补关系，将一方取代另一方则会影响到整体的效果，所以上诉机构同意专家组的观点，认为该替代措施并不是实现所追求政策目标的合理替代措施。②

在判断一项争议措施属于第 20 条（b）款的例外范围后，那么该争议措施需要满足前言的两个要求：第一，在实施的过程中，在条件相同的情况下，不能够存在“武断或不合理的待遇”；第二，措施在实施的过程中不能够存在变相的贸易限制。针对这一问题，上诉机构并没有认同专家小组对于南方市场豁免是否属于不合理待遇的判定。

① Appellate body Report, Brizil-Measures Affecting Imports of Retreaded Tyres, WT/DS3 32/AB/R, 2007, December 3, paras. 151 - 152.

② 同上，paras. 156 - 174.

3.3.3 专家小组和上诉机构对第 20 条相关条款的解释

从专家小组和上诉机构对这些案例的审理以及对相关条款的解释上我们可以看出，WTO 争端解决机制在不断地完善其对相关条款的解释方法，确保能够更加综合和全面地对相关案件进行分析，在确保贸易公平合理性的同时，也实现其对环境、人类和动植物的健康进行保护。

在 GATT 时代，专家小组在美国 337 条款案中明确了“最低贸易限制”这一要求来确定争议措施的合法性。专家小组也提出，如果存在一个合理的“可替代性措施”，那么争议措施也不能被认定为合理。这一解释方法在此后的类似案例的处理中一直被沿用。

但是，这一分析方法过于严格，以至于很少有案件能够通过其检测，这也使得例外条款形同虚设，并没有发挥出其应该具备的作用。在此后的案件中，专家小组和上诉机构小组也在不断地进行改善。到了 WTO 时代，争端解决小组开始使用“两层递进法”来解释一般例外条款。在对争议措施的合法性进行审核时，上诉机构小组也会充分考虑争议措施所期望达到的保护目标，并且充分尊重其成员国的选择。

在后来的案例中，争端解决小组还会不断地“平衡和权衡”与之相关的因素，进而确定争议措施的合法性，同时也会对可替代措施进行充分的考量，以确定其替代性以及可行性等。由此可见，争端解决小组不断完善其对一般例外条款的解释，进而缓解经济发展和环境保护之间可能存在的潜在冲突。

然而，争端解决小组虽然不断地完善其解释方法，但是到目前为止，鲜有相关的案件能够通过其检测，因此，国际环保人士认为，WTO 限制了其成员国对于气候变化应对的监管，如果持续下去将不利于全球气候问题的改善。

第四章>>>

WTO框架下与气候变化相关的条款

在 WTO 成立之时，其宗旨中就提到坚持可持续发展战略，在推动可持续发展的过程中，难免要面对气候变化这一问题。在促进全球贸易发展的同时，WTO 也在关注人类生活水平的提高，以及较好地利用世界资源，实现环境的保护。虽然 WTO 并没有专门的规则来应对气候变化的问题，但是很多与气候变化相关的政策和措施又与世贸组织下的相关规则具有相关性，[①] 例如，一些应对气候变化所采取的措施会与贸易有关等。而且为了更好地推动贸易与环境的协调发展，在多哈回合谈判中也提到了有关多边贸易和环境的议题，并倡导要消除有利于环境保护的商品或者服务的贸易壁垒。[②] 不仅如此，国际

① The multilateral trading system and climate change: introduction, available at: https://www. wto. org/english/tratop_ e/envir_ e/climate_ intro_ e. htm.

② Activities of the WTO and the challenge of climate change, available at: https://www. wto. org/english/tratop_ e/enviro_ e/climate_ challenge_ e. htm.

社会也在加强贸易制度与环境制度之间的联系，推动双方之间信息的交流与合作。①

4.1 WTO及其相关原则

4.1.1 WTO

在GATT的努力下，国际贸易有了比较稳定的交易环境，关税水平也从22%降至5%，这一时期的世界贸易也得到了快速的发展。② 但是GATT作为一个临时性的贸易组织，其存在一定的局限性，由于协定中的一些不足与缺陷，乌拉圭回合期间成立了WTO。

WTO继承了GATT中推动贸易自由化的一些基本原则，其成立的目的主要是规范成员国之间的交易发展，提供一个稳

① Activities of the WTO and the challenge of climate change, available at: https://www.wto.org/english/tratop_e/enviro_e/climate_challenge_e.htm.

② International Energy Agency (IEA), Available online https://www.iea.or/statistics/CO_2emissions（最后登陆时间为2019年5月17日）

定且可预测的多边贸易体系。[①] WTO 的范围相对于 GATT 扩大至服务贸易，为了实现贸易的自由化，其成员国承诺降低关税和减少贸易壁垒推动市场的开放性。

与之前的 GATT 相比，WTO 除了扩大了其管辖范围之外，还要求其成员国进一步实现关税的削减。尤其是发达国家，在 WTO 成立后的五年内，其关税削减降幅度高达 40%，高税率的产品也在不断地减少。[②] 农产品领域的进出口以关税限制为主，大大提高了农业市场的可预测性。[③] 为了更好地探讨贸易与气候变化之间的关系，在多边贸易体制下还设立了贸易和环境委员会。[④]

为了保证国际贸易的顺利进行，WTO 制定了国际贸易规则。WTO 成员方在多边贸易体制下进行贸易时都须要遵守 WTO 的相关规则。为了保证其成员方贸易政策的透明化和合规性，世贸组织也要求成员方通报其相关法律和措施的实施情况。除此之外，WTO 还会对成员方的贸易政策进行审查，以确保法规和政策的透明性，进而保证多边贸易体制的稳定性。

---

① Rafael Leal-Arcas, Andrew filis, Legal Aspects of the promotion of Renewable Energy within the EU and in Relation to the EU's Obligations in the WTO, Queen Mary University of London, School of Law Legal Studies Research Paper No. 179, 2014.

② Tariffs: more bindings and closer to zero, https://www.wto.org/english/thewto_e/whatis_e/tif_e/agrm2_e.htm（最后登陆时间为 2019 年 11 月 20 日）.

③ 同上。

④ 同上。

这种政策审查机制不仅提高了政策的透明度，也利于世贸组织对其成员方相应贸易政策的了解，能够准确地掌握这些政策对贸易产生的影响。

为了确保贸易顺利进行，WTO 还建立了处理国际贸易争端的贸易争端解决机制。利用贸易争端解决机制，来确保成员方的贸易政策符合世贸组织规则。当争端发生时，WTO 成员方可以通过协商解决争端。如果协商失败，将通过指定一个小组来解决争议，根据有关各方提交的材料，专家组将通过专家组报告作出调查结果和结论。如果当事方拒绝采纳专家组的报告，将成立上诉机构来解决争议。争端解决机制的设立是争端能够得到较好解决的一个有效的保障。WTO 还规定了贸易救济措施，来确保其成员方的产业安全。

4.1.2 WTO 的基本原则

WTO 的相关内容相对于 GATT 有所增加，其相关规定涉及农业、纺织品、服务、工业标准、产品安全以及知识产权等方面。其制定也均涉及一些基本的原则。

WTO 继承了关税及贸易总协定中的基本原则，其中比较有代表性的原则就是无歧视原则。这一原则主要是通过最惠国待遇原则和国民待遇原则等来实现的。这些基本原则确保了其相关规定的有效实施以及目标的实现，也推动了一个公开、公平的竞争环境形成。非歧视原则依然主要体现在本国产品和外国产品的对待上，也就是说 WTO 的成员国不能歧视其他贸易伙伴的产品和服务，应尽可能地降低关税和减少贸易壁垒，使得国内的市场更加开放，国际贸易更加公平。同时，WTO 通过反倾销、反补贴等方式来补偿不公平贸易造成的损害问题。

GATT 的第一条就提到了货物贸易的最惠国待遇的问题。在 WTO 多边贸易协定下，其《服务贸易总协定》（General Agreement on Trade in Service）中的第 2 条①和《与贸易有关的知识产权协议》（Agreement on Trade-Related Aspects of Intellectual Property Rights，简称《知识产权协定》）的第 4 条②的内容都涉及最惠国待遇问题。因此，在货物贸易、服务贸易以及与贸易有关的知识产权领域都要求成员国之间要实施最惠国待遇。

而国民待遇原则主要体现在《与贸易有关的知识产权协定》（Agreement on Trade-Related Aspects of Intellectual Property Rights，简称 TRIPs）的第 3 条和《服务贸易总协定》（General Agreement on Trade in Services，简称 GATS）的第 17 条中。TRIPs 的第 3 条要求："每个缔约方在知识产权保护方面对其他缔约方的国民所提供的待遇不得劣于对其本国国民所提供的

①《服务贸易总协定》，第 2 条 1 款，该条款中规定：各成员应立即且无条件地对任何其他成员的服务和服务提供者以不低于其给予其他任何国家相同服务和服务提供者之待遇。

②《知识产权协定》，第 4 条，该条款中规定"就知识产权的保护而言，一个缔约方向任何其他国家的国民所给予的任何利益、优待、特权或豁免都应立即和无条件地适用于所有其他缔约方的国民。"

待遇。”但是该协定将巴黎公约、伯尔尼公约、罗马公约和关于集成电路知识产权条约所做的规定作为例外情况处理，而对于知识产权的保护主要限定为“影响知识产权的可获得性、取得、范围、维持和形式的事项以及影响本协议所专门涉及的知识产权的适用的事项”。①

GATS 在其第 17 条中规定：“对承诺表上所列之行业，及依照表上所陈述之条件及资格，就有关影响服务供给之所有措施，会员给予其他会员之服务货服务提供者之待遇，不得低于其给予本国类似服务货服务提供者之待遇。”②

WTO 也考虑到了发展中国家的具体情况，对发展中国家的开放程度给予了充分的过渡期，使发展中国家的相关产业能够较好地适应世界市场，经受住来自世界市场的竞争考验。WTO 中一半以上都是发展中国家或在经济不发达地区，因此，其相关协定都对这些国家和地区的基本情况给予了相对充分的考虑。除此之外，WTO 还会对发展中国家和地区给予技术援助和培训，推动其贸易能力的增强，进而较好地应对自由贸易，并从自由贸易中获得较好的经济利益。

---

①《知识产权协定》，第 3 条。
②《服务贸易总协定》，第 17 条。

4.2 WTO中与环境相关的条款

多边贸易体系日益完善，有利于全球经济的稳定，然而，经济发展也伴随着对环境的负面影响。① 人类的经济活动导致了自然资源的破坏和温室气体的排放。② 联合国世界环境与发展委员会（World Commission on Environment and development）针对全球变暖趋势、气候变化、自然资源过度消耗等环境问题，提出了可持续发展。随着国际经济的发展和人民生活水平的提高，国际社会也越来越重视环境问题。

WTO 同样也意识到了气候变化是国际社会面临的一个巨大的挑战，需要在多边合作的框架下推动气候变化问题的解决。WTO 虽然没有设立专门的规则来应对气候变化，但是许多气候变化相关的措施和政策都会与国际贸易产生联系，因此，在如何有效地应对气候变化问题的同时，将国际贸易所产生的消极影响降到最低，也是需要我们迫切需要解决的一个问题。

① United Nations Framework Convention on Climate Change, May 9, 1992, S. Treaty oc, No. 102 - 38, 1771 UNIS 107 (1992).

② Bigdeli Sadeq Z., Resurrecting the Dead? the Expried Non-Actionable Subsidies and the Lingering Question of "Green Space", Manchester Journal of International Economic Law, Vol. 2, 2011, 15 - 38.

认识到环境保护的重要性，国际社会开始采取多边协定或单边协定以及国内政策等手段，通过大量的环境政策来推动可持续发展的实现。在 WTO 的多边贸易协定下，尽管没有关于环境的具体协定，但 WTO 通过其目标、规则和执行机制，考虑到了保护环境的问题。①

贸易与环境委员会成立于 1994 年，旨在确定贸易与环境之间的关系。WTO 协定的序言部分也涉及环境问题。GATT 的第 20 条规定了国内环境保护政策的例外。WTO 组织的《技术性贸易壁垒协定》（以下简称 TBT 协定）和《动植物卫生检疫措施实施协定》（以下简称 SPS 协定）等 WTO 条约也涉及了环境问题。

然而，与贸易有关的环境政策可能造成贸易限制或贸易扭曲，因此，在 WTO 争端解决机制下，这些贸易政策将受到成员国的挑战。GATT 规定了稳定和可预测的条件，在这种条件下，成员国提出质疑的政策可免除其在 GATT 相关规定下的义务。② 因此，WTO 允许其成员国采取相应的政策和措施来保护环境问题，但是这些措施的实施不能构成对本国和外国企业

---

① Murray Brian C., Cropper Maureen L., De La Chesnaye Francisco C. and Reilly John M., How Effective are US Renewable Energy Subsidies in Cutting Greenhouse Gases?, American Economic Review: Papers & Proceedings, Vol. 104, 2014, pp. 569 – 574.

② Schuman Sara, Lin Alvin, China's Renewable Energy Law and its Impact on Renewable Power in China: Progress, Challenges and Recommendations for Improving Implementation, Energy Policy, Vol. 51, 2012, pp. 89 – 109.

的区别对待，不能在环境保护的掩盖下实施贸易保护主义政策。

WTO 是一个贸易组织，而不是一个推动环境保护的多边体制,[①] 因此，其只处理存在争议的与贸易相关的环境政策，对环境问题没有具体的规定，也不会去干涉其成员方有关环境标准的制定以及环境政策的实施等问题。在应对气候变化的过程中，一些国家和地区往往通过价格手段来实现其政策监管，而这些价格手段，例如关税或者补贴等，如果与国际贸易相关联，就需要遵守 WTO 的相关规则和要求，这样，WTO 与环境保护在某些领域就有了关联性。不仅如此，在 WTO 的多边贸易框架下还存在一些争议问题，例如同类产品的定义问题，对于可再生能源的补贴问题，开发和转让气候友好型技术和专门知识相关的问题等。

目前有涉及环境的条款的内容并不是十分明确，因此，环境措施的解释由世贸组织专家组和上诉机构逐案作出。由于法律的不确定性，WTO 很可能面临自由化与环境保护之间的冲突，因而有必要探讨 WTO 是否承认这一冲突，并给 WTO 成员方留下足够的政策空间。

《2030 年可持续发展议程》是 2016 年 1 月 1 日启动的一项有关人类可持续发展的议程，该议程从社会、经济和环境三

① The environment，https://www. wto. org/english/thewto_ e/whatis_ e/tif_ e/bey2_ e. htm（visited 18，April 2019）

个层面提出了 17 个可持续发展的目标。[①] 可持续发展、保护和保全环境也是世界贸易组织的一个基本目标。虽然没有将环境议题作为一个单独的章节，但是世贸组织允许成员国实施与贸易相关的环境保护措施，但是也明确指出，不能滥用这些措施，进而导致贸易保护的出现。

由此可见，WTO 既尊重成员国采取相应措施达到可持续发展目标的方式，也在维护公平、开放、稳定以及非歧视性的多边贸易体制。这也正是《里约宣言》中所说的那样，一个公平的、稳定的和非歧视的多边贸易体制更能较好地推动环境资源的保护和保持，也更能推动可持续发展目标的实现。[②]

4.2.1 《补贴与反补贴措施协议》（Agreement on Subsidies and Countervailing Measures，简称 SCM 协议）

补贴是政府能够较为迅速地实现其政策目标的一个重要工

---

①《2030 年可持续发展议程》，https://baike.baidu.com/item/2030年可持续发展议程/19208981？fr = aladdin. WTO 是实现 2030 年可持续发展议程及其发展目标的关键。因此在其宗旨中就提到："要坚持可持续发展之路，各成员方应促进对世界资源的最优利用、保护和维护环境，并以符合不同经济发展水平下各成员需要的方式，加强采取各种相应的措施。"世界贸易组织，https://baike.baidu.com/item/世界贸易组织/150837？fr = aladdin（最后访问时间 2019 年 12 月 10 日）

② Sustainable Development，https://www.wto.org/english/tratop_e/envir_e/sust_dev_e.htm（最后访问时间 2019 年 12 月 10 日）.

具。通过多种形式的补贴，不仅能够吸引更多的投资，政府还能够较为迅速地推动某些特定产业的快速发展，推动弱势地区的经济发展，实现经济结构的调整。不可否认，补贴也是应对市场失灵的一个有效的应对手段。但是，有学者认为，补贴会对贸易造成不利的影响，也不利于实现有效的竞争机制，例如对国际贸易产生扭曲的效应，不利于全球资源的有效配置等。由此可见，补贴的存在有其积极的一面，也有其消极的一面，因此，这就需要对补贴的使用进行有效的控制。

如果补贴的使用能够有效地应对市场的失灵，那么这类补贴可以被允许使用。也就是说可以制定相应的标准，如果符合这类补贴的标准，那么这类补贴就可以被使用；如果补贴的使用使贸易的发展产生了扭曲，例如，因补贴而产生贸易保护主义，从而不利于自由贸易的发展，那么这类补贴就要对其进行相应的管制。

因此，国际社会就出现了一些相应的规则来专门规范补贴的使用。这些规则的一个主要目的是使得多边贸易体制更加有效和规范，避免因贸易保护主义而不利于国际贸易的发展。接下来我们就来进一步了解一下国际社会规范补贴的相关规则。

4.2.1.1 补贴与反补贴相关规则的发展历程

补贴是政府通过相关相应的补助手段降低商品的价格，使其能够在市场上具备一定的价格优势，进而让国内产业或者一些新兴产业获得发展优势。也就是说政府的补贴行为实际上对市场价格产生了一定的影响，从一定的程度上来说，这种行为不利于资源的有效配置。[①] 不仅如此，在一些领域，补贴的使用还可能导致资源的过度使用，例如，渔业部门的补贴就会导致鱼类资源被过度捕捞。跟关税相比，补贴对进出口的限制作用并不是那么立竿见影，但是一些补贴的实施确实会对国际贸易产生消极的影响，例如，通过对出口产品给予税收方面的优惠，对于进口产品使用的限制等。这些都会对国际贸易产生限制，不利于国际贸易的自由发展。

但是补贴也有其存在的必要性，因为市场有时候也存在失灵的状况，因而无法完整地来反应生产和消费的成本，在这种情况下，通过补贴的方式就能够弥补市场的不足，例如在可再生能源发展领域，补贴就能够很好地弥补市场的这一不足，推动可再生能源产业的发展。[②] 除此之外，在一些发展中国家，由于投资、收入和就业机会等的不同，各个区域的经济发展存在不平衡的状况，在这种情况下，往往需要国家从宏观上进行一定的介入，通过某些形式的补贴，实现投资的均衡，进而促

---

① See WORLD TRADE ORG. , WORLD TRADE REPORT 2006：SUBSIDIES, TRADE AND THE WTO 55 （2006）, https://www.wto.org/English/res_e/booksp_e/booksp_e/anrep_e/world_trade_report06_e.pdf.（最后访问时间 2019 年 5 月 20 日）.

② Declaration on Climate Finance, NOT A PENNY MORE, https：/notapennymore.info/declaration/（last visited May 20, 2019）, See also The Guardian, Stern：Climate Change a "Market Failure", Novermber 29, 2007, available at https://www.theguardian.com/environment/2007/nov/29/climatechange.carbonemissions（Last visited on May 24, 2019）.

进经济的合理发展。

除此之外，在一些新兴的产业领域，研发的费用往往比较高，一般的公司很难负担。为了推动新技术的发展，就需要国家在政策或者在资金上有所倾斜，这些倾斜往往都是通过补贴的形式出现的。

然而，对国内产品的补贴可能增加出口或减少进口，阻碍国际贸易。为了消除不公平的贸易，世贸组织禁止其成员方通过补贴的方式来提升其区域内相关产业或企业的竞争力。也就是说，针对不同的情况，补贴会产生不同的效果，当补贴产生了消极影响的时候，对于反补贴采取相应的规范也具有它的必要性。因此，如果成员国通过补贴的方式提升了产品的竞争力，对该产品的进口国造成了损害或者威胁，那么可以通过征收额外的关税，也就是反补贴税来消除其给进口国带来的不利影响。

由此可见，由于补贴的使用会产生不同的效果，有的会促进社会经济的发展，但有的也会对国际贸易造成制约，对资源造成过度使用，因此就需要有相关的规则来规范补贴的使用。我们可以从《GATT1947》《东京回合补贴法》以及《补贴反补贴协定》中找到有关补贴的相关规定。

有关补贴的规定最早可以从《GATT1947》中找到。该协定的第16条[1]中就提到成员国为了增加出口或减少进口而给予或维持而采取补贴应承担向缔约方作出书面通知的义务，除此之外，如果造成威胁或造成严重侵害，应该限制此类补贴。我们可以发现，在该协定下，只要其成员国提前作出书面通知，补贴是可以被使用的。

该协定中还提出了反补贴税的概念，并提出允许通过征收反补贴税的形式来抵消其所造成实质损害或实质损害威胁。[2]协定并没有对补贴进行分类和定义，而是明确指出出口补贴的消极影响，以及禁止对初级产品适用出口补贴。[3] 除此之外，对于初级以外的其他任何产品的出口补贴的禁止时间也给出了规定。

---

①《关税及贸易总协定》，第16条，如任何缔约方给予或维持任何补贴，包括任何形式的收入或价格支持，以直接或间接增加自其领土出口的任何产品货减少向其领土进口的任何产品的方式实施，则该缔约方应将该补贴的范围和性质、该补贴对自其领土出口、向其领土进口的受影响产品的数量所产生的预计影响以及使该补贴成为必要的情况向缔约方全体作出书面通知。在确定任何此类补贴对其他任何缔约方的利益造成或威胁造成严重侵害的任何情况下，应请求给予有关补贴的缔约方应与其他有关缔约方或缔约方全体讨论限制该补贴的可能性。

② 同上，第6条。

③《关税及贸易总协定》，指出："以缔约方对任何产品的出口所给予的补贴，可能对其他进口和出口缔约方造成有害影响，可能对它们的正常商业利益造成不适当的干扰，并可阻碍本协定目标的实现。" 意识到补贴可能会产生消极影响，协定明确指出："缔约方应寻求避免对初级产品的出口使用补贴。但是，如以缔约方直接或间接地给予任何形式的补贴，并以增加其领土出口的任何初级产品的形式实施，则该补贴的实施不得使该缔约方在该产品的世界出口贸易中占有不公平的份额，同时应考虑前一代表期内该缔约方在该产品贸易中所占份额及可能已经影响或正在影响该产品贸易的特殊因素。"

为了在实施方面提供更大的统一性和确定性，在东京回合中签订了《补贴与反补贴税守则》。该守则对于GATT中有关补贴的相关条款进行了相应的解释，明确了成员国的权利和义务。但是，由于对补贴没有明确的规定，本法不足以规范补贴。

在此之后，SCM协议是在WTO多边贸易规则中有关补贴的一项多边贸易规则。其条款相较于之前的协议，内容更加详细和具体，也更具有可操作性。在该协议中，首先明确了补贴的定义，以及补贴的存在形式。该协议的第1条就明确指出："任一成员方境内的政府或任何政府机构提供的财政资助"会被认为存在补贴。协议中还具体地罗列出财政资助的形式。[①] 除此之外，如果相关措施符合该条款中的相关标准，就会被认定为存在财政捐助。财政捐助就是指通过更为优惠的条件给予受益人比市场上其他人多的一项利益。

SCM协议还对补贴进行了分类，将其分为禁止性补贴、可诉讼的补贴，以及不可诉讼的补贴。该协议的第3条明确提出，将"以出口实绩为条件或将其他作为若干其他条件之一；或以进口替代为条件或将其作为若干条件之一"而提供的有

---

①《补贴与反补贴措施协议》，第1条1款，该条款中具体罗列出了财政资助的形式：政府行为涉及直接资金转移（如赠与、贷款、投股），潜在的资金或债务直接转移（如贷款担保）；本应征收的政府收入被豁免或不予征收（如税额抵免之类的财政鼓励）；政府提供不属于一般基础设施的商品或服务，或购买商品；政府向基金机构支付款项，或委托或指导私人行使上述所列举的一种或多种通常是赋予政府的职权，以及与通常由政府从事的行为没有实质差别的行为。

条件的补贴列为禁止补贴的范围。也就是说，世贸组织的成员国不能通过补贴的方式来限制进口和推动出口。

在该协议的第5条中，明确了可诉讼补贴的条件。也就说有一些类型的补贴，是根据其造成的影响而对其进行相应的限制，并规定了其所符合的标准。首先要属于第1条补贴定义中所提及的补贴存在方式，即财政资助、收入支持或价格支持及某种优惠等；其次要具有专向性，也就是说将补贴明确限于特定的企业。也就是说只有具有专向性的补贴才会被该协议所规范。

最后，补贴行为还对成员方造成了不利的影响。SCM协议的第5条明确了属于不利影响的情况，即："损害另一成员方的国内产业；取消或妨碍其他成员方按GATT1994中直接或间接获得的利益；严重妨碍另一成员方的利益。"为了能够限制可诉性补贴的使用，在其第6条中也明确了严重妨碍的标准，① 这些规定的实施使得该协议更具有可执行性和可操作性。

SCM协议的一个重要的目标就是禁止对国际贸易产生消极影响的补贴，因此，该协议明确了补贴的范畴并明确了确定补贴的标准。相比之前的规则，SCM协议的可操作性更强，

---

① 严重妨碍存在情况包括："对某项产品总额超过5%的从价补贴；弥补某项产业所遭受的经营亏损的补贴；弥补某个企业所遭受的经营亏损的补贴，这种补贴并非仅为制定长期解决办法提供时间并避免尖锐社会问题而向该企业提供的非周期性的和不能重复的一次性措施；直接的债务豁免，即免除政府债权，和以补贴抵销债务。"

但是在其规定中，仍有不确定的因素，例如对于“公共机构”的理解等。在加拿大的奶制品案例中，就对“公共机构”进行了相应的解释，上诉机构认为“公共机构”应该是具有与“政府”类似的特征，还应视为“为履行政府性质”职能而行使政府赋予的权力的实体。① 在韩国影响商用船舶贸易的措施案例中，专家组就曾指出，如果“一个实体”被政府控制，它将构成一个公共机构。②

考虑到新能源发展的状况，以及对于经济和技术支持的依赖性，很多的新能源发展政策都是通过政府或者政府委托的机构来实施的，政府会向企业提供研发资金支持，或者银行会提供信贷的支持。由于这些政策的实施主体都是受政府管理，或者执行政府的相关政策，因此都有可能被认定为 SCM 协议下所认定的“公共机构”。

虽然在该协定中也提出了有关环境补贴的例外规定，但是该规定中与环境相关的条款一个是针对企业、高等院校或科研

---

① Appellate body Report, Canada-measures Affecting the Importation of Milk and the Exportation of Dairy Products, WT/DS103/AB/R, WT/DS113/AB/R, 1999.

② Panel Report, United States-Countervailing Duty Measures on Certain Products from China, WT/DS273/R, 7 March, 2005.

机构所从事的研究活动的资助,[①] 而另一个的主要目的是缓解为促进现有设施适应新的环境要求而对给企业进行限制和施加财政压力。[②] 不仅如此，在这两个条款下面还设定了比较严格的标准，将其范围进行了进一步的限定。

4.2.1.2 补贴在新能源发展中的作用

在前面我们分析了补贴的存在具有积极和消极两方面的影响，因此需要对补贴进行相应的规范。如果补贴能够较好地应对市场失灵，对社会经济的发展具有积极作用，那么我们就应该支持这类补贴的使用。

众所周知，在人类的发展过程中，由于大量温室气体的排放，人类正遭受着逐渐恶劣的气候影响，例如气温升高、冰山

---

①《补贴与反补贴措施协议》，第 8 条 1 款，该条款指出：根据与企业所订立的合同对由企业或由高等院校或由科研机构所从事的研究活动的资助，若：资助不超过工业研究成本的 75%，或前竞争开发活动费用的 50%；并且若这些资助严格地限于：1. 人员费用（在研究活动中专门雇用的研究人员，技术人员和其他辅助人员）；2. 专门并长期用于研究活动的仪器、设备、土地和建筑物的费用（作商业性处置时除外）；3. 专门用于研究活动的咨询及类似服务的费用，包括购入研究成果、技术知识、专利等费用；4. 由研究活动直接产生的附加管理费；5. 同研究活动直接产生的其他管理费用（诸如资料费、供应费及类似费用）。

② 同上，第 8 条 3 款，该条款明确指出：对为促进现有设施适应由法律和/或条例所施加的给企业带来更大限制和更重财政压力的新的环境要求的资助，条件是该项资助：1. 是一种一次性的、非重复性的措施；2. 限于改进成本的 20%；3. 不包括弥补必须由企业全部承担的辅助投资的重新安装及操作费；4. 直接与企业减少废弃物和污染的计划有关并与之成适当比例，且不弥补任何可以获得的制造成本节约；5. 是所有能采用新设备和/或新生产工艺的厂商均可得到的。

融化、暴雨、干旱等。应对气候变化，减少温室气体的排放是关键所在，因此各国政府都在积极努力地采取各种措施来减少温室气体。

在现实中，为了推动新能源的使用，各国都开始加大在可再生能源领域的补贴力度，能源部门是接受补贴最多的部门。[①] 政府通过补贴降低能源生产成本、提高能源生产商的产品价格或降低能源消费者支付的价格等，这些补贴我们可以将其称为能源补贴，能源补贴使得可再生能源自 20 世纪 90 年代开始得到了较为快速的发展。固体生物燃料和水力发电都是主要的可再生能源，近些年，太阳能光伏和风能的增长速度也越来越快，而且快速增长的原因也离不开政府对太阳能和风能的补贴支持。[②]

跟传统的煤炭能源相比，新能源考虑到了社会福利和环境保护等因素，这些都会影响到新能源的价格[③]。因此，跟传统能源相比，新能源的价格就不具有竞争力。在这种情况下，如果没有外界调控，例如政府在财政上的支持或者政策上的扶持

---

① IEA, World Energy Outlook 2013 (Paris: International Energy Agency, 2013), online: www. worldenergyoutlook. org/publication/seo -2013/.

② INT'L ENERGY AGENCY, 2016 KEY RENEWABLES TRENDS: EXCERPT FROM RENEWABLES INFORMATION 3 (2016), https://euagenda.eu/upload/publications/untitled -69169 - ea. pdf.

③ Rubini Luca, The Subsidization of Renewable Energy in the WTO: Issues and Perspectives, SSRN Electronic Journal, 2011, Available online https://www. wti. org/media/filer_ public/95/fe/95fe7812 - 471d - 46ca - b1b2 -523b3dbae005/2011 -32_ lr. pdf.

等，新能源技术就很难跟传统的能源竞争。① 作为一个新兴的产业，新能源技术发展的本身也离不开政策支持，因此，越来越多国家的政府通过政策的扶持来促进新能源的大规模发展并确保在新能源领域有足够的资金投入。②

2017 年，全球发电和供电投资达到 7500 亿美元，其中，中国在这一领域的投入达到了 1266 亿美元。新能源的补贴在 2010 年只有 660 亿美元，但是在 2016 年这一数字却达到了 1400 亿美元，是 2010 年的一倍多，预计到 2035 年这一数字将会达到 2500 亿美元。③ 中国目前是世界上新能源投入最多的国家，同时中国也在开发新能源技术上做出了非常大的努力。

为了较好地推动新能源的发展，世界各国实施了一系列相应的措施，例如上网电价（feed in tariff）、可再生能源组合标准（renewable portfolio standards）、净能源计量（net energy metering）和绿色电力（green power）等。政府通过减税或者税收抵扣等形式来增加可再生能源的消费和促进其技术投资的

---

① Edith Kiragu, Transition into A Green Economy: Are there Limits to Government Intervention? World Trade Institute, Working Paper Group, Paper No. 5, 2015. Farah Paolo Davide, Cima Elena, The World Trade Organization, Renewable Energy Subsidies, and the Case of Feed-in-Tariffs: Time for Reform Toward Sustainable Development? Georgetown International Environmental Law Review, Vol. 27, 2015, 515 - 517.

② ghosh Arunabha, Governing Clean Energy Subsidies: Why Legal and Policy Clarity is Needed, ICTSD, 2011.

③ Espa Ilaria; Rolland Sonia E., Subsidies, Clean Energy, and Climate change. E15Initiative. Geneva: International Centre for Trade and Sustainable Development (ICTSD) and World Economic Forum, 2015.

财政措施；通过优惠贷款等手段在研究和开发层面进行相应的补助，从而降低可再生能源企业所面临的资本成本的风险；通过价格支持，来确保电力市场的最低价格，增加可再生能源的发电量。在这些措施中，上网电价是政府最为广泛使用的一个措施，也被认为是应对气候问题的一个有效的措施。①

在这些政策中，政府提供了税收的减免或者抵扣措施来刺激消费者，鼓励消费者使用新能源，鼓励对可再生能源技术的投资，为可再生能源产业提供价格支持，以确保绿色发电，并为改进生产、储存和节约技术提供技术研究支持。② 以上网电价为例，为了鼓励新能源的研发和应用，许多国家政府实施了上网电价补贴政策，以确保更多的新能源电量能够进入国内的电力系统。③ 上网电价补贴政策能够确保并提高可再生能源领域产品的价格和利润，以鼓励可再生能源的发展。

---

① Lee Kenina, An Inherent Conflict Between WTO Law and Sustainable Future? Evaluating the Consistence of Canadian and Chinese Renewable Energy Policies with WTO Trade Law, Geo. Intl Envtl. L. Review, Vol. 57, 2011, pp. 57 – 91. See also, Mayoraz Jean Francois, Renewable Energy and WTO Subsidy Rules: The Feed-in Tariff Scheme of Switzerland, International Economic Law, 2016, pp. 169 – 187.

② WTO and United Nations Environment Program (UNEP), Trade and Climate Change-WTO/UNEP Report (2009), heeps://www. wto. org/English/res_ e/booksp_ e/trade_ climate_ change_ e. pdf (visited 18, April 2019), pp. 114 – 117.

③ Feed-in Tariffs as Policy Instrument for Promoting Renewable Energies and Green Economies in Developing Countries, Available on https://unfccc. int/files/documentation/submissions_ from_ parties/adp/application/pdf/unep_ us_ ws2. pdf. (visited on May 25, 2019).

补贴在实现政府的政策目标上起着非常重要的作用,[1] 但是如果这些补贴对国际贸易产生了扭曲的效果，那么 WTO 就会禁止其成员方对国内工业提供财政上的支持。[2] 因此便设立了 SCM 协议，来规范 WTO 成员方的国内补贴相关的政策。[3]

在新能源领域，各国政府普遍利用可再生能源补贴来鼓励和支持国内的可再生能源的发展。根据 SCM 协议的相关规定我们能够知道，这种补贴形式可能会造成国际市场的扭曲，使得一些国家在政府的支持下具有一定的竞争优势，进而对其他成员方产业的发展产生不利的影响。多边贸易体制一直禁止采取贸易保护主义，推行自由贸易政策，目的是形成一个公平竞争的国际贸易环境。

在 SCM 协议中，虽然在其第 8 条中涉及了环境保护的补贴内容，但是通过对该条款的解读我们会发现，与环境相关的补贴只是为了通过相应的资助来促进设备的安装和升级，使其能够达到新的环境标准。而我们所提及的为了促进新能源发展所实施的补贴并不属于这个范畴，并且我们在前面也提及过，

---

① Horlick Gary, Clarke Peggy A., "Rethinking Subsidy Disciplines for the Future: Policy Options for Reform", Journal of International Economic Law, Vol. 21, 2017, pp. 673 - 703.

② WTO, Marrakesh Agreement Establishing the World Trade Organization, Apr. 15, 1994, Final Act Embodying the Results of the Uruguay Round of Multilateral Trade Negotiations, Legal Instruments-Results of the Uruguay Round, 33 I. L. M. 1144 (1994).

③ Agreement on Subsidies and Countervailing Measures, April 15, 1994, 1869 U. N. T. S. 14.

该条款下面还提出了五个具体的条件，这些条件的设立也使能够达到相应的要求变得更加的困难。

在不可诉补贴这部分内容也提到了研发补贴。研发在国家的经济发展和科技进步方面发挥着举足轻重的作用，新能源在发展的过程不可避免地需要进行技术的研发，而对于企业或者研究机构来讲，研发在成本和时间上投入的负担比较重，因此离不开政策层面的支持，但是从前面的分析来看，新能源补贴并没有涵盖在该条款下面。

为了确保多边贸易规则的公平性、稳定性以及可预见性，WTO 专门设立了争端解决机制来解决成员间之间的矛盾。

加拿大新能源补贴案使得国际社会开始关注气候变化与贸易之间的冲突问题。之后的印度太阳能和太阳能电池组件案例则使国际社会意识到明确新能源补贴的性质的重要性和迫切性。随着环境问题的日益严峻，可持续发展的重要性也逐渐显现，因此，国际社会也对 WTO 在环境保护中所发挥的作用提出了新的要求。

在 SCM 协议中并没有与环境相关的例外条款，涉及环境相关的例外条款，可以参照 GATT 第 20 条的一般例外条款。为了较好地缓解气候变化和环境之间的紧张局势，有学者提出，可以通过 GATT 第 20 条的一般例外条款来明确新能源补贴是否合法性的问题。①

在前面章节中，我们针对相关的案例，重点研究了争端解决机制对第 20 条一般例外条款的解释。争端解决小组虽然在不断地完善其解释方法，但是目前为止，鲜有案例能够通过小组的审查。因此，新能源补贴的合法性是否能够获得一般例外条款的保护依然存在不确定性。

在多哈回合谈判中，环境也作为一个重要的议题进行了多边讨论。如何明确 WTO 与多边环境协定之间的关系等问题，也得到了成员国的关注。因为，贸易规则和环境规则的协调一致，减少环境领域的壁垒，将更加有助于可持续的发展。

4.2.1.3 新能源补贴相关的争议

我们在前面提到，新能源在其发展过程中不可避免地会面对来自技术和资金方面的压力。大量的资金和技术的投入，使得新能源发电的电价与传统能源价格相比较高，不具有竞争力，价格并不能较好地反映出产品的环境价值。为了能够与传统能源相竞争，政府往往需要通过补贴政策的方式来提高可再生能源的发展竞争力。

但是在 SCM 协议中，明确了构成补贴的条件。如果成员方境内的政府或任何政府机构提供了该协议所罗列出的财政资

① Vivasvan Bansal & Chaitanya Deshpande, The India-Solar Cells Dispute: Renewable Energy Subsidies under World Trade Law and the Need for Environmental Exceptions, 10NUJS L. Rev. 209, 207.

助，或者存在“GATT1994 第 16 条所提到的任何形式的收入支持或价格支持”，或者“由此而给予的某种优惠”，而且这些提供的补贴具有专向性。

在协议中的第 5 条也明确指出如果这些补贴对其他成员方的利益造成了不利的影响，那么这些补贴就有可能在多边贸易体制下，被其他成员国依据 SCM 协议质疑。

根据前面的分析可知，SCM 协议明确了判断补贴是否会被质疑的三个要素：首先，WTO 争端解决机制会检测国内政府机构是否给予了补贴。但是根据上网电价的相关政策可知，若政府给予可再生能源企业相应的政策支持以确保可再生能源的发展，这种情况将会被认定为补贴的存在。在加拿大可再生能源案中，WTO 的争端解决机制就曾明确指出，被质疑的措施属于该协议下的财政支持。

其次，这些支持政策如果是依据某些条件或者标准给予的价格支持，而且这种支持还是针对某些特定的企业的，那么在 WTO 争端体制下也容易被其他国家质疑。在加拿大的可再生能源限制案中，日本就曾指出上网电价补贴是以国内产品的使用为条件的，在其他与新能源相关的案件中，也能看到类似的要求。

最后，WTO 争端解决小组还要检查补贴政策的专向性。传统化石燃料补贴在化石燃料工业的使用一直比较广泛。2017

年，中国在化石燃料上的补贴多达383亿美元,[①] 而针对这部分补贴，在多边贸易体制下，却没有相关的争议案件,[②] 其中一个重要的原因就在于是否有专向性问题的存在。化石燃料补贴是针对所有的最终用户，而新能源补贴却是依据某些条件和标准专门针对某些企业和工业的。

在这种情况下，就存在一个问题，我们如果想要发展可再生能源，就难免会需要政府在财政上给予相应的帮助，而在补贴与反补贴措施协议下，政府提供的这些补贴很容易被其他成员国质疑。特别是从加拿大新能源案争端以来，贸易和气候变化之间的摩擦问题越来越受到国际社会的关注，越来越多的国家为了推动清洁能源发电和相关技术设备的发展而不断推行相应的促进措施。随着时间的推移，如果一直不明确新能源相关的补贴在补贴与反补贴措施协议下是否合法的问题，那么贸易和气候变化之间的摩擦将会越来越剧烈。

气候变化的问题越来越尖锐，也越来越受到国际社会的关注，但是在补贴与反补贴措施协议下，并没有专门的特殊规定针对以环境保护为目的的补贴，因此很多新能源补贴就存在一个合法性的问题，加之近年来许多国家都在关注能源结构的调整问题，因此新能源产业得到了快速的发展。如果类似的补贴

① Fossil-fuel subsidies, Available on https://www.iea.org/weo/energy-subsidies/（最后登陆时间2019年5月25日）.

② H. B. Asmelash.,"Energy Subsidies and the WTO Dispute Settlement System: Why Only Renewable Energy Subsidies Are Challenged", Journal of International Economic, Vol. 18, 2015, PP. 261-285.

被认定为不合法的，那么在 WTO 的争端解决机制下，就会有越来越多的案件发生。

当考虑到社会福利和环境价值，新能源发电的电力价格构成就会与传统能源存在不同。但是对于最终的消费者，也就是电能的使用者来说，无论是新能源发电还是传统的化石能源发电，其产品都是一样的，也就是说环境价值这一部分是没有办法通过价格来体现的。2017 年新能源的研发投资增长了 13%。[①] 因此如何有效解决新能源补贴在补贴与反补贴协定下的合法性问题对于能源结构的科学合理的调整，将起着非常重要的作用。

就我国目前的情况来看，随着工业化、城镇化进程的不断加快，消费结构不断调整，我国的能源需求也处于快速增长的阶段，温室气体排放不断增加。环境问题势必会成为经济发展的制约因素，节能减排工作的实施既是社会发展的需要也是为了更好地推动经济的发展。

我国在近几年一直致力于能源结构的调整，并通过相关政策和法规的设立有效地推动了新能源产业的快速发展。可见我们政策的实施有了较好的成效，但是我们也需要注意到，只是看政策实施的效果，而忽略政策本身的合规性问题，不仅会最终影响到政策的实施效果，还可能为违规付出相应的代价。例如，以美国和欧盟为代表的发达国家就对中国的光伏产业发起

① IEA, Available on https://www.iea.org/wei2018/（最后登陆时间 2019 年 5 月 17 日）

了“双方调查案”，这些案例的发生对我们新能源产业的发展以及我国产业结构的调整都产生了一定的消极影响。

因此，如何在补贴与反补贴协定下对新能源补贴有一个较好的认识，以及如何制定合理的政策，较好地解决新能源补贴的困境，进而有效地实现我国能源结构的调整，也是目前我们应该认真探讨的一个议题。

从以上分析我们不难发现，新能源产业因其自身的特点，在发展过程中难免需要政府的扶持。但是，目前的补贴制度中，并没有针对新能源补贴或者环境补贴进行相应的例外规定。因此，有学者认为，有必要对现有的补贴制度进行相应的改革，以明确新能源补贴或者环境补贴在多边贸易环境下是否是合理的。[①]

但是在实践中，有些环境补贴或者新能源补贴的使用是为了获取其在国际市场竞争中的经济优势，并不仅仅是为了应对气候的变化问题。这类补贴的合理性因此会受到质疑，而如何区分补贴的使用，是为了应对气候变化，还是为了本国获取其在国际市场上竞争中的经济优势便是一个难题。

---

① Gary Horlick & Peggy A. Clarke, Rethinking Subsidy Disciplines for the Future: Policy Options for Reform, Journal of International Economic Law, 2017, pp. 673 – 703.

4.2.2 《技术性贸易壁垒协定》（Agreement on Technical Barriers to Trade，简称TBT协议）

随着气候变化问题的不断凸显，各国也都比较关注气候问题给国内产生的影响，纷纷出台各种与环境相关的法规和标准，如果法规和标准不同，那么就会给国际贸易带来一定的影响。如果法规和标准的制定不一致，或者在法规和标准制定的过程中存在不合理的情况，会变相增加出口成本，进而变相存在贸易限制的情况。日本“肯定列表制度”的实施，就使得我国水产品在向日本的出口时受到一定的阻碍，水产品交易受损情况严重。①

除了在水产行业，中国的农产品、纺织品以及家电等产品在出口的时候也都面临着同样的问题。由于无法达到进口国的相关标准，使得我国的相关产品在出口时屡屡碰壁。如果不对其进行规范，那么这些标准就可能变成贸易壁垒，影响到国际贸易的正常进行。

① 焦云涛. 技术性贸易壁垒对我国水产品出口日本的影响[J]. 对外经贸实务，2019（12）：39－42.

TBT 是为了确保技术相关的法规[①]、标准[②]和合格评定程序是非歧视性的，不会对贸易造成不必要的障碍，同时它也明确了成员国有权采取相应的措施实现其保护人类健康和安全或者保护环境等政策目标。[③]

为了确保国际法规和标准的合理实施，TBT 协定明确指出，其技术法规的实施不能够存在贸易歧视，要平等对待来自不同国家的产品，[④] 不仅如此，该协议还规定“技术法规的制定、采用或实施在目的或效果上均不对国际贸易造成不必要的障碍”，除此之外，还要求“技术法规对贸易的限制不得超过为实现合法目标所必需的限度，同时考虑合法目标未能实现可

①《技术性贸易壁垒协定》，附件 1.1，在 TBT 协议的附件中明确了协议中的相关定义。其中，技术法规是指：规定强制执行的产品特性或其相关工艺和生产方法、包括适用的管理规定在内的文件。该文件还可包括或专门关于适用于产品、工艺或生产方法的专门术语、符号、包装、标志或标签要求。

② 同上，附件 1.2，标准是指：经公认机构批准的、规定非强制执行的、供通用或重复使用的产品或相关工艺和生产方法的规则、指南或特性的文件。该文件包括或专门关于适用于产品、工艺或生产方法的专门术语、符号、包装、标志或标签要求。

③ Technical barriers to trade, available at: https://www.wto.org/english/tratop_e/tbt_e/tbt_e.htm.

④《技术性贸易壁垒协定》，第 2.1 条。该条款明确指出：各成员应保证在技术法规方面，给予源自任何成员领土进口的产品不低于其给予本国同类产品或来自任何其他国家同类产品的待遇。

能造成的风险”，并进一步明确列举出合法目标的范畴。[①]

4.2.3 《与贸易有关的知识产权协定》

因能源消耗和温室气体排放而导致的气候变化问题已经成为21世纪国际社会面对的一个要重问题。不论是发达国家还是发展中国家都在积极应对这一问题，一些国际机构，如联合国环境规划署等也都在为应对气候变化而努力。

气候变化问题的应对需要国际社会的合作，这已经是国际社会的共识，从《联合国气候变化框架公约》等国际公约的内容上也都能找到有关国际合作的相关内容。[②] 除此之外，国际社会也意识到了技术转让问题在应对气候变化的重要性，应对气候变化需要减少人为温室气体排放的新技术，因此技术开

①《技术性贸易壁垒协定》，第2.2条。各成员应保证技术法规的制定、采用或实施在目的或效果上均不对国际贸易造成不必要的障碍。为此目的，技术法规对贸易的限制不得超过为实现合法目标所必需的限度，同时考虑合法目标未能实现可能造成的风险。此类合法目标特别包括：国家安全要求；防止欺诈行为；保护人类健康或安全、保护动物或植物的生命或健康及保护环境。在评估此类风险时，应考虑的相关因素特别包括：可获得的科学和技术信息、有关的加工技术或产品的预期最终用途。

② Meir Perez Pugatch, Mitigating Climate Change through the Promotion of Technology Transfer and the Use of Environmentally Sound Technologies (ESTs): The Role of Intellectual Property Rights, 1 Eur. J. Risk Reg. 408, 2010.

发和转让对于缓解气候变化和实现可持续发展发挥着核心作用。①

技术转让问题也受到了国际社会的关注，但是在对技术转让的推进上还存在着一定的不足。② 如何向发展中国家转让低碳技术已经成为全球合作应对气候变化的一个关键，然而关于知识产权的技术转让目前仍是一个比较具有争议的问题。其中主要的原因就是国际环境法的法律强制力不足，发达国家考虑到市场因素，并不愿意向发展中国家转让技术，或者说转让核心技术。在法律强制力效力不足的情况下，其成员方的权利与义务都得不到有效的规范，相关法律条款也得不到有效的适用，这就使得应对气候变化的效果大打折扣。③

为了消除国际贸易的扭曲和阻碍，并促进对知识产权的有效保护，同时又要确保知识产权的措施和程序本身并没有对合法贸易产生限制，因此，多边贸易框架下制定了 TRIPs 协定。该协定在其总则和基本原则中提到了国民待遇和最惠国待遇原则的要求。在国民待遇原则中，该协定提出在知识产权保护方

---

① The International Panel on Climate Change, Summary for policymakers, in ：Climate Change Mitigation of Climate Change 2014. Contribution of Working Group III to the Fifth Assessment Report of the Intergovernmental Panel on Climate Change, Cambridge University Press, Cambridge, UK and New York, USA, 2014.

② Varun Rail, Kaye Schultz, Erik Funkhouser, International Low Carbon Technology Transfer：Do Intellectual Property Regimes Matter?, Global Environmental Change, Vol. 24, 2014, p. 60.

③ 叶辉华. 气候变化背景下对技术转让的只是产权制度调适[J]. 河北法学，2015，(33)：162－170.

面，在遵守相关条约中各自规定的例外的前提下，每一成员给予其他成员的待遇不得低于给予本国国民的待遇。[①] 而在最惠国待遇原则下，针对知识产权保护，一成员对任何其他国家国民给予的任何利益、优惠、特权或豁免，应立即无条件地给予所有其他成员的国民。[②]

除此之外，该协定的第 27 条还提到有关专利的规定，[③] 并提出了可拒绝对某些发明授予专利权的条件。[④] 这些规定一方面可以让专利的拥有者获得对专利的垄断权，进而通过商业化获得相应的利润，[⑤] 也考虑到了人类、动物或植物的生命或健康，避免对环境造成严重损害。因此，一个强有力的知识产权制度能够对创新和技术的发展和进步起到积极的推动作用，尤其在发达国家或者工业化国家，这一现象就更加明显。[⑥] 但是对于发展中国家或者不发达国家来说，排他性权利以及许可

---

①《与贸易有关的知识产权协定》，第 3 条。

② 同上，第 4 条。

③ 同上，第 27 条 1 款。该条款明确指出“在遵守第 2 款和第 3 款规定的前提下，专利可授予所有技术领域的任何发明，无论是产品还是方法，只要它们具有新颖性、包含发明性步骤，并可供工业应用。”

④ 同上，第 27 条 2 款。该条款明确了各成员拒绝对某些发明授予专利权的条件，包括保护人类、动物或植物的生命或健康或避免对环境造成严重损害所必需的，只要此种拒绝授予并非仅因为此种利用为其法律所禁止。

⑤ I. kubiszewski, J. Farley, R. Costanza, The production and allocation of information as a good that is enhanced with increased use, Ecol. Econ. Vol. 69, 2010, pp. 1345 - 1347.

⑥ C. Sweet, D. Maggio, Do stronger intellectual property rights increase innovation? World Dev. 66, 2015, pp. 665 - 667.

证制度则在一定程度上影响了国际技术的转让。虽然一些国际公约鼓励发达国家向发展中国家进行技术转让，但是在实践中还存在着一些不足，因为发达国家担心技术转让之后，影响他们在市场上的竞争性。①

因此，为了减少碳排放，更好地实现国际间的相互合作，让更多的国家获得减缓气候变化的技术，该协定也应该提供一些灵活性来缓解气候变化技术的转让。

4.2.4 《与贸易有关的投资措施协议》（Agreement on Trade-related Investment Measures，简称 TRIMs 协议）

为了缓解全球气候变化，减少碳排放，许多国家会增加政府投资来推动新能源产业的发展。在这一过程中，就会涉及多边贸易体制下与贸易有关的投资问题。在多边贸易体制下，一个国家的投资政策的实施也会产生贸易限制和贸易扭曲的影响。为了使投资政策的公平、合理以及有序地实施，多边贸易体制下颁布了 TRIMs 协议。

在考虑到不同经济发展程度国家的需求的前提下，该协议实施的一个目的就是“促进世界贸易的扩大和逐步自由化，

---

① C. hutschison, Does TRIPs facilitate or impede climate change technology transfer into developing countries? Univ. Otawa Law Technol. J. Vol. 3, 2006.

便利跨国投资，以便提高所有贸易伙伴，特别是发展中国家成员的经济增长，同时保证自由竞争。”① 除此之外，该协议还指出在实施与贸易有关的投资不能违反国民待遇和数量限制原则，并在其附件的例示清单中列出了与 GATT 中的国民待遇不一致的与贸易有关的投资措施，② 以及与普遍取消数量限制义务不一致的与贸易有关的投资措施。③

①《与贸易有关的投资措施协议》，该协议在其前言中提到了投资措施会对贸易所产生的消极影响，认识到“某些投资措施可能产生贸易限制作用和扭曲作用”，因为为了避免此类消极影响，对与贸易有关的投资措施的实施进行了相应的规范。其相关规则的制定也充分“考虑到发展中国家成员、特别是最不发达国家特殊的贸易、发展和财政需要。”

②《与贸易有关的投资措施协议》，附件第 1 条。附件例示清单中指出：“与 GATT1994 第 3 条第 4 款规定的国民待遇义务不一致的 TRIMs 包括根据国内法律或根据行政裁定属强制性或可执行的措施，或为获得一项利益而必需遵守的措施，且该措施：（a）要求企业购买或使用国产品或自任何国内来源的产品，无论按照特定产品、产品数量或价值规定，还是按照其当地生产在数量或价值上所占比例规定；或（b）要求企业购买或使用的进口产品限制在与其出口的当地产品的数量或价值相关的水平。”

③ 同上，附件第 2 条。附件例示清单中指出：“与 GATT994 第 11 条第 1 款规定的普遍取消数量限制义务不一致的 TRIMs 包括根据国内法律或行政裁定属强制性或可执行的措施，或为获得一项利益而必需遵守的措施，且该措施：（a）普遍限制企业对用于当地生产或当地生产相关产品的进口，或将进口限制在与其出口当地产品的数量或价值相关的水平；（b）通过将企业可使用的外汇限制在与归因于该企业外汇流入相关的水平，从而限制该企业对用于当地生产或与当地生产相关产品的进口；（c）限制企业产品出口或供出口产品的销售，无论是按照特定产品、产品数量或价值规定，还是按照当地产品在数量或价值上所占比例规定。”

第五章>>>

多边贸易体制下应对气候变化存在的问题

减少碳排放是应对气候变化问题的关键。为了减少碳排放，目前所采取的手段一个是征收碳关税，即对高耗能的产品征收碳排放关税；而另一个则是通过政府补贴，推动新能源的快速发展，进而达到能源结构转型的目的。但是无论是碳关税的征收还是新能源的补贴，在多边贸易体制下，其合法性问题一直备受学者的关注。

5.1 WTO 多边贸易体制下碳关税的合法性分析

随着气候变化而带来的社会问题日益加深，许多国家都在通过各种措施来缓解碳排放，进而较好地应对气候变化问题，因此，一些国家开始针对碳排放较大的产品征收碳税。碳税的征收会使企业的生产成本增加，但是，由于并不是所有国家都征收碳税，因此碳税会影响到本国产品在国际市场的竞争力。

碳关税是指产品进口国对于产品出口国没有征收碳税的产品征收的 CO_2 排放关税，这些产品主要集中于一些高耗能产品，例如钢铁和水泥等。就目前来看，其主要是发达国家向发展中国家出口的产品征收的一种关税。美国的《清洁能源与安全法案》就提到有关碳关税的相关条款。我国作为一个出口量较大的发展中国家，碳关税的征收必然对我国的经济产生影响。因此有关碳关税的征收问题，在国际社会一直具有较大的争议。①

从远期来看，碳关税的征收，虽然使我国的出口产品失去了价格优势，因而减少出口量，但是企业如果要想生存，必然会进行技术的革新，减少 CO_2 的排放。因此，碳关税的征税从长远来看，有利于减少 CO_2 的排放，对于气候变化的应对具有积极的作用。

如前所说，从短时间上来看，碳关税的征收，实际上变相提高了我国产品的出口成本，进而提高了产品在进口国的价格，价格的提高必然会降低产品的出口量，因此可以说碳关税的征收抑制了产品在国际上的自由流动。但是 WTO 成立的一个主要目的就是实现全球范围内的自由贸易，消除各种贸易壁垒，实现资源的优化配置。因此，在 WTO 框架下，碳关税的合法性问题也成为国内外学者所关注的一个重要问题。

在实践中，一些发达国家通过生产标准和碳标签等方式来实现其对减少碳排放的目的，这些政策本身确实有利于加强碳

---

① 王谋. 隐形碳关税：概念辨析与国际治理[J]. 气候变化研究进展，2020，16（02）：243－250.

排放的管制。但是在全球经济发展低迷的时期，碳关税又可能变成绿色贸易壁垒，让发达国家以应对气候变化为借口，实际上是为了实现其贸易保护的目的。

实际上，WTO 多边贸易规则并没有禁止碳关税的征收，但是在多边贸易体制下，碳关税实施的方式需要跟确保实现自由贸易的相关原则，例如国民待遇原则、最惠国待遇原则等不相抵触。在实践中，依然会存在一些不明确的因素，例如相同的产品，一部分是通过环保技术生产的，而一部分是通过传统技术生产的，在这种情况下，这两种产品是否会被认定为同类产品呢？如果被认定为同类产品，却对其征收不同的碳关税的话，那么将会违背非歧视原则的要求。

一方面，碳关税的实施是为了减少碳排放，应对气候变化问题，但是另一方面，碳关税在其实施过程中，有可能违背自由贸易的相关规则。因此，WTO 成员方将会援引 GATT 中的一般例外条款来寻求其合规性。碳排放已经带来了全球气候的变化，并因此引发一系列的恶劣气候，给人类和动植物的生存环境带来了极大的挑战，因此降低碳排放可以说是为了保护人类和动植物的生命和健康。另一方面，碳排放的增加将导致空气质量的下降，因此降低碳排放也可以被认定为保护人类可耗竭的自然资源。

在这种情况下，如果碳关税的征收遭到其他成员国的质疑，那么碳关税征收国可以援引 GATT 中第 20 条的一般例外条款中的（b）款和（g）款。根据之前我们对争端小组对第 20 条项下相关条款的解释分析，在这种情况下，争端解决小组必然会沿用之前的解释方法对其合法性进行判断。

根据前面章节的分析，争端解决小组在对碳关税的合法性进行审查时，首先会判断成员方所实施的保护目的是否符合GATT中第20条项下的例外条款。而根据前面的分析，碳关税征收是为了减少碳排放，应对全球气候变暖，但是其终极目的是为了保护人类和动植物的生命和健康，以及保护可耗竭的空气。从这一点来判断，碳关税的征收属于GATT中一般例外条款的范畴。

接下来，争端解决小组将会“平衡和衡量”一系列与之相关的因素，来判断争议措施的实施是否是实现其所要达到目的的必要措施。在之前的案件中，争端解决小组也明确指出，如果其所要保护的目标越重要，那么争议措施就越容易被认定为合理措施；争议措施对于实现其目标的贡献越大，那么该争议措施越容易被认定为合理；争议措施对于贸易的消极影响越小，那么争议措施就越容易被认定为合理。

与之前的“最低贸易限制”标准相比较，对于相关因素的“平衡和衡量”，体现了争端解决小组在对于相关案例的审理过程采取了较为灵活和全面的分析方法。也就是说在对案例的分析过程中，争端解决小组会更加关注于争议措施本身以及成员方所要实现的保护水平，而不是片面地比较是否有更加符合规则的可替代措施。

如果争议措施被认定为必要措施之后，争端解决小组将会在GATT一般例外条款的前言之下来讨论争议措施在其实施过程中是否“在情形相同的国家之间构成任意或不合理，其实施的手段或构成对国际贸易的变相限制”。这一检测的目的是阻止一些国家利用一般例外条款进行贸易保护主义，防止一般例外条款的滥用。

5.2 WTO多边贸易体制下新能源补贴的合法性分析

如前面章节的论述，为了应对气候变化所带来的挑战，政府实施了许多绿色能源项目，但是从某些层面来看，这些项目的维持又离不开政府在资金和政策上的支持。[①] 但是《补贴与反补贴措施协议》中明确禁止对贸易产生消极影响的补贴，而且在措施中也没有对新能源补贴给予特殊的对待。因此，如何缓解新能源补贴与《补贴与反补贴措施协议》中相关规定之间的冲突，也一直是国际社会所关注的议题。

为了确保多边贸易体制中相关规则的稳定性、透明性和一致性，在WTO多边贸易体制下还专门设立了争端解决机制，

① Paolo Davide Farah & Elena Cima, The world Trade Organization, Renewable Energy Subsidies, and the Case of Feed-in-Tariffs: Time for Reform Toward Sustainable Development?, 27 The GEROGETOWN INT" L. LAW REVIEW 515, 518, 2015. See also, Mark Wu & James Salzman, The Next Generation of Trade and Environment Conflicts: The Rise of Green Industrial Policy, 108 Northwestern University Law Review401, 418, 2014.

并制定了《关于争端解决规则与程序的谅解》来解决成员国之间的贸易纠纷。若成员实施的政策和措施如果违背了多边贸易规则，那么其他成员方可以将其诉至 WTO 争端解决机制。在协商不能解决的情况下，将设立专家组进行审理，专家组将按照相关规定审查，并将其调查结果提交争端解决机构，协助其作出相应的裁决。如果当事方对专家组的审议结果存在异议，可以诉至上诉机构。争端解决机构还要确保其裁决的执行，并有权对不遵守争端解决结果的成员国进行相应的制裁。

2010 年，日本以及后来的欧盟认为加拿大的上网电价违反了 SCM 协议下的相关规则，并将其诉至争端解决机构。自此之后，与新能源相关的案件开始变多。2010 年，美国认为中国的风力补贴违反了 SCM 协议的相关案件，在此之后美国、中国和印度都曾针对新能源补贴向争端解决机构提起诉讼，截至目前，已经有 7 个与新能源相关的案件被诉至 WTO 争端解决机构。

其中，加拿大新能源案和印度的太阳能电池和太阳能电池组件案已经提交了上诉机构小组报告；专家小组针对美国就与可再生能源有关的若干措施案在 2019 年的 7 月份提交了相关的专家小组报告。其他的一些相关案件也通过协商得到了相应的解决。

加拿大的新能源补贴案的发生使国际社会开始关注《补贴与反补贴措施协议》是否能够较好地应对气候变化问题。接下来，我们针对这些相关的案件做进一步研究在 SCM 协议下，新能源补贴与其相关规则相冲突的症结之所在。

在前面的章节里，我们曾经集中探讨了补贴措施对于新能源发展所起的作用。新能源补贴在很大程度上有效地推动了国内清洁能源项目的发展，这是有利于减少碳排放，从而较好地应对气候变化问题，因此值得探讨一下，《补贴与反补贴措施》是否给予其成员国一定的自治权和来处理新能源补贴问题。

SCM 协议明确了补贴的定义以及其存在的形式。措施也明确指出如果国内措施针对某些特定的企业或产业给予专门的补贴，根据前面的分析，我们知道新能源补贴的方式通常是通过税收补贴或者价格支持的方式实现的，而这些方式很容易被认定为存在财政补贴。这些补贴对其他成员方的类似产业产生了消极的影响，并存在实质性的损害，那么该措施将被认定为可诉性补贴。而如果补贴是以出口或者存在某些国内成分要求（local-content requirement）则会被认定为禁止性补贴。

5.2.1 新能源相关的案例介绍

1995 年 WTO 成立以后，国际社会也一直关注可再生能源相关的补贴政策。一些国际组织，例如联合国环境规划署也意识到补贴对于新能源发展所起的重要作用。因此，国际社会也比较关注现行的国际贸易法的适用是否能够合理地解决当前气候变化所带来的问题。① 因此，国际社会存在一个争论，即是否需要针对气候变化问题专门制定一个例外条款。

针对这个问题，支持方认为，新能源补贴在促进产业发展方面发挥着举足轻重的作用，因此有必要通过政策的刺激推动产业发展，进而达到节能减排的目标。反对方则认为，这种做法实际是一种变相的"贸易保护主义"，会对国内产业和国外产业构成不公平的对待。②

接下来，我们一起来探讨几个有关新能源补贴的案例，进而在 SCM 协议下，对新能源补贴的合法性进行研究，从而了解新能源补贴与该措施中相关规定的冲突的症结之所在，更加清楚地了解 SCM 协议对新能源补贴的要求，并进一步来思考当前的多边贸易规则的适用是否阻碍了气候变化问题的缓解。

5.2.1.1 加拿大可再生能源补贴案

加拿大补贴案的出现使得国际社会开始关注新能源补贴在 WTO 框架下的合法性问题。2010 年 9 月 13 日，日本认为加拿大安大略省风力和太阳能光伏发电机的上网电价项目违背了 SCM 协议中的相关规定。2011 年，欧盟也针对该争议向加拿

---

① Robert Howse, "Post-Hearing Submission to the International Trade Commission World Trade Law and Renewable Energy: The Case of Non-Tariff Measures", Oil, Gas & Energy L Intelligence, Vol2, 2005, para. 28.

② Aaron Cosbey & Petros C Mavroiidis, A Turquoise Mess: Green Subsidies, Blue Industrial Policy and Renewable Energy: the Case for Redrafting the Subsidies Agreement of the WTO, Journal of International economic Law, 2014, Vol. 17, pp. 13 - 15.

大提出了协商请求。在两国的申诉中，都提到了加拿大安大略省的上网电价方案中与“国内成分要求”的相关措施。由于协商未果，争端解决机构设立专家组来审核该案件。

在诉讼中，日本和欧盟都指出了加拿大通过其技术援助方案以及所执行的针对风力和太阳能光伏项目的合同存在以使用国内货物为条件的要求，该政策属于《补贴与反补贴措施协议》中的禁止补贴，违反了该协议的规定。[①] 并且，两国还认为加拿大所采取的上网电价政策以及所执行的合同也同时违背了 GATT 中的国民待遇原则的要求，即：“一缔约国领土的产品输入到另一缔约国领土时，在关于产品的国内销售、兜售、购买、运输、分配或使用的全部法令、条例和规定方面，所享受的待遇应不低于相同的国内产品所享受的待遇”，以及《与贸易有关的投资措施协议》中的国民待遇原则。除此之外，两国还指出，加拿大与贸易有关的投资措施也违背了 TRIMs 协定中有关国民待遇的相关原则的要求。

在专家组对该案件的审核中，首先指出的一个重要的争论点在于安大略省在其上网电价项目、上网电价相关合同的执行

①《补贴与反补贴措施协议》，第 3.1（b）款。该协议中将补贴分为三种类型分别为可诉性补贴、不可诉性补贴以及禁止的补贴。在第 3 条中明确指出：除在农产品协议中已有规定的以外，下述的属于第一条规定范围内的补贴应于禁止：（a）在法律或事实上，作为唯一或多种条件之一，以出口实绩作为条件而提供的补贴，包括附件 1 所列举的补贴。（b）将进口替代作为唯一或多种条件之一而提供的补贴。除此之外，3.2 条还明确指出：成员既不应授权、也不应维持第 3 条第 1 款中所指的补贴。

中适用了“最低要求的国内含量水平”（Minimum Required Domestic Content Level）要求。

为了对案件有一个充分的理解，专家组对于安大略省的电力系统及其发展情况都做了一个比较详细的了解。在其分析中，首先指出了电力自身的特点以及其对现代社会所发挥的重要作用。随着可持续发展战略的提出，各国政府都开始考虑其相关产业对环境所产生的影响，因此加拿大政府在其电力领域引入了太阳能发电技术，并通过《电力结构调整法》和《电力改革法案》对加拿大的电力系统进行了相应的规制。

上网电价项目是安大略省政府实施的一个项目，其通过该项目向安大略省电力系统提供满足条件的电力生产商做了价格保证，但是条件包括必须满足“最低要求的国内含量水平”（Minimum Required Domestic Content Level）。

加拿大坚持认为其上网电价政策并没有违反 GATT 第 3 条项下的义务，因为政策的实施是为了确保充足的电量而不是出于商业目的，所以其政策措施并没有违背 GATT 和 TRIMs 协定下的有关最惠国待遇的相关规定。①

专家组在对该案进行审查时，首先确认了争议措施是否属于 TRIMs 协定中所适用的“与货物贸易有关的投资措施”，进而再判断争议措施是否违反了 GATT 和 TRIMs 协议下的最惠国

① Panel Report, Canada-Certain Measures Affecting the Renewable Energy Generation Sector, Canada-Measures Relating to the Feed-in Tariff Program, (hereinafter Canada Renewable Energy Case) WT/DS412/R, WT/DS426/R, 2012. 12. 19. para. 7. 86.

待遇原则。GATT 中也列举出了不适用最惠国待遇的相关情况,[①] 因此，需要判断该争议条款是否属于不适用最惠国待遇原则的特殊情况，如果属于该情况，那么可以进一步判断该措施也不适用 TRIMs 协议下的最惠国待遇原则。

申诉方认为加拿大的相关争议措施鼓励对安大略省当地的可再生能源发电设备和部件生产进行投资，因此该争议措施应该属于 TRIMs 协议所规范的范围。但是针对这个争议，加拿大并没有进行论述。[②] 专家小组认为，争议措施中“最低要求的国内含量水平”要求对贸易产生了影响，因此该争议措施属于 TRIMs 协议中的相关条款。[③]

在判定争议措施是否违背国民待遇原则之前，专家小组首先明确了如果争议措施属于某些政府采购的法律、法规或要求的话，那么将属于国民待遇原则的免责情况，则该争议政策也不会被认定为违背了 TRIMs 协议下的国民待遇原则。[④]

该案的一个关键争议点就是“最低要求的国内含量水平”要求。审诉方认为，该要求的适用使得进口产品和国内

①《关税及贸易总协定》，第 3.8 条，该条款提出了不适用于本条规定的两种特殊情况，分别为 1）本条的规定不适用于有关政府机构采办供政府公用、非为商业转售或用以生产供商业上销售的物品的管理法令、条例或规定；2）本条的规定不妨碍对国内生产者给予特殊的补贴，包括从按本条规定征收国内税费所得的收入中以及通过政府购买国产品的方法，向国内生产者给予补贴。

② Panel Report, supra note 299, para. 7. 108.

③ 同上，para. 7. 111.

④ 同上，para. 7. 118.

同类产品被差别对待，但是加拿大却认为，这一要求属于《公平贸易法》方案下有关“电力采购的法律、法规或要求的一部分”，因此属于不适用最惠国待遇的情况。[1] 对于这一问题，专家组则认为该要求属于政府采购电力的要求之一，且通过相关合同来实施，不属于不适用国民待遇情况，[2] 并认为争议措施违背了其在 GATT 和 TRIMs 协议下的最惠国待遇原则。

在此之后，专家小组则在 SCM 协议下对争议措施进行了相应的审查。首先，专家小组审查了争议措施中所涉及的“财政补贴”或者“价格支持”是否属于该协议下所涉及的财政资助并由此给予一定的利益。针对这一问题，申诉方则认为争议措施属于 SCM 协议中“资金直接转移的政府行为和政府的财政鼓励等财政资助行为”，但是加拿大则认为，其属于商品收购类的财政资助。[3] 专家小组认同了加拿大的观点，认为争议措施属于商品收购[4]。

接下来，专家小组审核的是争议措施中存在的财政补贴是否给予了某种利益。在这一问题上，日本和欧盟认为争议措施给予了某种利益，其给予了该项目下电力生产者价格保证，使其价格高于安大略省批发或零售市场的电价。但是加拿大却不认可这种观点，因为两国在判断政府补贴是否给予了某种利益

---

[1] Panel Report，para. 7. 123.
[2] 同上，para. 7. 152.
[3] 同上，para. 7. 220.
[4] 同上，para. 7. 222.

的时候，比较了争议措施所给予的保证电价和安大略省批发或零售市场的电价，但是却忽略了安大略省所购买的电力是通过新能源所生产的这个事实。①

专家小组认为，在该案中，争议措施无论属于 SCM 协议下的哪一个类型的财政资助，但是其存在财政资助这个问题是没有什么争议的，因此就需要判断其是否赋予了某种利益，也就是说需要判断加拿大政府是否通过上网电价项目赋予了某种利益。在判断该问题的时候，专家小组明确指出：判断是否赋予了某种利益的关键并不是看政府是否购买了其产品，而是看购买所付的多于足够的报酬。② 在该案中需要判断付给使用风能和太阳能光伏技术发电的报酬是否高于“现行市场的价格”。对于“现行市场”的理解，专家组认为，它不一定是经济理论意义上的“完全竞争市场”，也就是说其不必是“不受政府干预的市场”，也不必排除“有政府参与的情况”，但它必须是一个存在有效竞争的市场。③ 专家组认为，安大略省的批发电力市场不是一个存在有效竞争的市场，因此不能将其作为标准来判断是否赋予了利益。

---

① Panel Report，para. 7. 259.

②《补贴与反补贴协定措施》，第 14（d）款。第 14 条的主要内容是以接受补贴者所获利益计算补贴量。调查当局在计算授予接受者的利益时，所应遵守的相关规则。而与政府提供商品或服务，或采购商品不应视为一项利益的给予。除非供应所得少于足够的报酬，或购买所付多于足够的报酬。所谓足够的报酬应按有关商品或服务在该国一般市场的关系来确定（包括价格、质量、效用、适销性、运输和其他购销条件）。

③ Panel Report，Canada paras. 7. 274 －7. 275.

专家组首先意识到，安大略省政府为了确保电量供应的稳定性，对批发电力市场进行了相应的干预，因此，为了判断争议措施是否赋予了利益，就需要评估一下争议措施中的上网电价项目属于怎样的商业性质。为了找到一个合适的比较方法，既能够考虑到电力市场的复杂情况和安大略市场的供需情况，又要通过商业标准来评估政府的行为，专家组比较了争议上网电价项目与按照政府的要求从通过太阳能光伏和风力发电的电厂获得电力的电力商业分销商所提供的条件，[①] 因为商业分销商的行动是基于商业行为进行的考量。[②]

因此，通过对该案件的审核，专家小组最终认定，上网电价项目属于 SCM 协议下的财政资助类型，而日本和欧盟都没能证明争议措施存在 SCM 协议中所提到的赋予了某种利益。[③]

随后，由于对专家小组的结论存在异议，加拿大、日本和欧盟又将该案上诉至上诉机构。在 SCM 协议下，争议主要集中在该协定的第 1 条的财政资助和是否赋予了某种利益以及相关市场的界定等问题。

首先是有关财政资助的争论。在这个问题上，日本坚持上网电价项目属于“资金直接转移的政府行为”或“债务潜在的转移”。针对这一争议点，专家组认为上网电价项目中所涉及的财政资助属于“收购产品”。上诉机构认为日本并没有充

① Panel Report，para. 7. 322.
② 同上，para. 7. 323.
③ 同上，para. 7. 328.

分证据证明相关措施存在“资金直接转移的政府行为”或“债务潜在的转移”，仍然支持专家小组的结论，认为上网电价中的财政资助属于“收购产品”。[①] 接下来，上诉机构审查了争议措施是否赋予了某种利益。针对这一争议，专家小组认为是否赋予了某种利益意味着财政资助给予接受者一定的好处，而这个好处是需要通过比较来判断的，对于这一审查方式，上诉机构也是没有异议的。[②]

接下来，需要解决的就是比较的基准问题。上诉机构在其审核的过程中提到了政府选择混合能源供给政策（energy supply-mix）的原因，认为政府的干预能够确保电力市场供应的稳定性。除此之外，上诉机构还从供需两个方面进行了相应的比较，虽然从需求方来看，新能源电力和传统能源电力并没有什么区别，但是从供应方来看，其价格构成存在不同，因此上诉机构认为专家小组没有根据混合能源供给政策所形成的市场，也没有根据风能和太阳能光伏发电的竞争价格为市场基准进行利益分析[③]，上诉机构最终认为无法判断是否存在《补贴与反补贴措施协议》下第 1 条 1 款（b）所涉及的补贴类型。

上诉机构认为专家组的分析存在不足，主要因为两个方面：其一，虽然相关市场被界定为包括所有能源发电的市场，

---

① Appellate Body Report, Canada renewable energy case, para. 5. 128.
② 同上，para. 5. 166.
③ 同上，para. 5. 219.

但是最后却认为竞争性的批发电力市场不是该分析的关键点；其二，专家小组没有分析供给方面的因素。最后，上诉机构认为上网电价中的“最低国内含量”要求违背了GATT和TRIMs协议下的国民待遇原则，但是上诉机构也没有明确判定上网电价是否赋予了某种利益。

5.2.1.2 印度太阳能电池和组件措施案

作为一个世界的主要碳排放大国，如何减少碳排放也是印度很注重的一个问题。为了减少碳排放量，印度在2010年开始实施了“贾瓦哈拉尔·尼赫鲁国家太阳能”计划（Jawaharlal Nehru National Solar Mission简称JNNSM计划）。该计划的实施是为了确保太阳能的大规模使用，进而逐步替代化石燃料，用于发电领域，从而达到减少碳排放的目的。为了能够顺利进行，印度将其计划分成了三个阶段。第一阶段是2010~2013年，目标是生产1000兆瓦的能源。在这一阶段，印度要求太阳能开发商使用的太阳能组件中，至少有30%必须是从印度采购的。针对这一要求，美国认为印度在其签署的购电协议中存在适用“国内含量要求”的情况，于是以该要求违背了多边贸易规则下的相关规定为由，在2013年将其诉至WTO争端解决机制。

美国在其诉讼中指出，印度适用“国内含量要求”措施导致外国同类的太阳能电池和组件产品所享的待遇不如其国内的产品，不仅变相地提高了印度的太阳能电池和组件的市场竞争力，且由于相关措施涉及与贸易有关的投资措施，这一要求也使其国内的相关产业获得了一定的优势。因此，美国认为印度的相关措施违背了其在 GATT 和在 TRIMs 协议下的相关规则。①

围绕着“国内含量”这一问题所产生的争议，专家小组首先明确指出，该措施不仅属于 TRIMs 协议范围内的“投资措施”，其性质表明该措施属于 TRIMs 协议中的说明性清单的范围，因此认定该措施不符合 GATT 下国民待遇义务，也不符合 TRIMs 协议下的相关规则，② 而且根据上诉机构对 GATT 中第 3 条第 8 款的相关解释，该争议措施也不在其范围内。③

印度方则从其制定该措施的目标以及印度的现状进行了相应的解释。印度认为，其采取相关措施的目的是为了实现能源安全和减少碳排放量，进而能够更好地应对气候变化问题，实现经济和环境的可持续发展。另一方面，目前印度的新能源产业在发展过程中存在一定的制约性，主要体现在对于外国的太阳能电池和组件的依赖性比较强。印度认为该措施是为了更好地保证能源的安全性，降低对国外相关产品的依赖性，因此该措施对于“获得或分销短缺产品是至关重要的”。此外，印度

① Panel Report, India-Certain Measures Relating to Solar Cells and Solar Modules (hereinafter India Solar Cells and Solar Modules case), WT/DS456/R, 2016, 2. 24.

② 同上，para. 7. 73.

③ 同上，para. 7. 27.

进一步指出，由于其在太阳能电池和组件的制造方面能力有限，因此该产品应属于“普遍或局部供应不足”的产品，符合 GATT 中一般例外条款中的相关规定。①

印度进一步强调，“国内含量要求”措施是为了“保证与 GATT 第 20 条（d）款项下提及的法令或条例的贯彻执行所必需的”。② 印度还提出了一系列反映其应对气候变化问题的国际和国内的法律文书，而“国内含量要求”的目的是降低太阳能电池和太阳能组件供应中断的风险，也是为了确保这些“法律和法规”遵守纪律。③

由此可见，印度试图通过援引总协定中的一般例外条款使其争议条款能够在多边贸易体制下被认定为合法。而且印度还进一步强调指出，“国内含量要求”措施在实施的过程中，并没有存在任意或不合理的歧视手段，也不会构成对国际贸易的变相限制，符合总协定中一般例外条款前言的要求。④

---

① Panel Report，para. 7. 190.《关税及贸易总协定》中的第 20 条（j）款对于“在普遍或局部供应不足的情况下，为获取或分配产品所必须采取的措施”给予了例外的规定，但是该条款也明确了采取该措施必须符合的原则：所有缔约国在这些产品的国际供应中都有权占有公平的份额，而且，如采取的措施与本协定的其他规定不符，它应在导致其实施的条件不复存在时，立即予以停止。

② 同上，para. 7. 191.《关税及贸易总协定》中的第 20 条（d）款则是为保证某些与本协定的规定并无抵触的法令或条例的贯彻执行所必需的措施，包括加强海关法令或条例，加强根据本协定第 2 条第 4 款和第 14 条而实施的垄断，保护专利权、商标及版权，以及防止欺骗行为所必需的措施。

③ 同上。

④ 同上，para. 7. 192.

根据之前争端解决小组对于一般例外条款的解释，专家组应该会适用之前的两层递进法对一般例外条款进行解释，即需要审核争议措施是否属于一般例外条款下的必要措施，如果属于一般例外条款的范围，又是否满足前言的相关要求。在该争议案件中，专家小组首先需要分析争议措施是否针对20条（j）款项下的“普遍或局部供应不足”的产品，以及是否属于20条（d）款项下的“确保遵守法律或法规”的措施，如果认为满足要求，那么专家小组则会审核争议措施的实施是否满足前言的要求，是否在相同条件下存在任意或不合理的歧视手段，是否会构成对国际贸易的变相限制。

该案件是援引第20条（j）款的第一个案件，因此在对于该条款进行解释时，专家小组适用了《维也纳公约》的条约[1]的解释原则，即根据上下文的意思以及条约的目的及宗旨所具有的通常意义，将“普遍或局部供应不足的产品”解释为“产品的可供数量不满足相关第六区域或市场需求的情况”。专家小组认为，“产品供应不足”可以理解为可供数量不能满足需求的产品，[2] 而对于“普遍或局部”则理解为与可供数量不能满足需求的地理区域或市场范围有关，除此之外，还进一步指出其涵盖了一个国家内部某一区域内的产品短缺、一个国家作为整体、一个地区包括几个国家、甚至一种产品

①《维也纳条约法公约》，第31条，根据第31条的规定，条约应依其用语按其上下文并参照条约之目的及宗旨所具有之通常意义，善意解释之。

② India Solar Cells and Solar Modules case, Panel Report, para. 7. 192.

的全球短缺。[①]

在对相关条款进行解释之后，专家小组需要审查的是国内制造能力的缺乏是否意味着太阳能电池和组件处于“普遍或局部供不应求的状态”。针对这一问题，印度曾强调当一个国家不具备生产某一产品的能力时，就意味着会出现“局部或一般供应不足”的情况，无论是否可以通过其他供应来满足对该产品的需求。[②] 但是，专家组却认为，“普遍或局部供不应求的产品”并没有限定产品的产地[③]，而且应该通过数量上的对比来确定是否存在不足的情况[④]。

由此可见，印度关注的是其自身的生产能力，而专家小组则是从客观的数量比较出发来探讨是否存在不足。因此，专家组并没有接受印度的观点，而是认为“普遍或局部短缺”是供应量的不足，而且这个供应来源并没有只局限在国内的生产不能满足相关地理区域或市场的需求。[⑤] 由于印度生产能力的不足不符合一般例外条款第 20 条（j）款的相关要求，因此，印度也就不能通过援引一般例外条款来说明其争议措施的合法性问题。

除了援引第 20 条（j）款之外，印度还认为其争议措施的实施目的是确保第 20 条（d）款意义下的法令或条例的贯彻执行。根据争端解决小组在之前案件对第 20 条一般例外条款

---

① India Solar Cells and Solar Modules case, Panel Report, para. 7. 206.
② India Solar Cells and Solar Modules case, para. 7. 220.
③ 同上，para. 7. 223.
④ 同上，para. 7. 225.
⑤ 同上，para. 7. 236.

的解释方法，要想成功援引第 20 条（d）款，首先需要确保争议措施实施的目的是确保某些与本协定的规定并无抵触的法令或条例的贯彻执行，不仅如此，还需要证明争议措施是实现这一目的的必要措施。因此，首先需要判断印度提及的“法令或条例”是否与 GATT 的相关规则一致，以及争议措施是否是为了确保这些措施的贯彻执行。

因此，印度首先明确了其所要保证能够被贯彻执行的“法令或条例”。印度提及的这些“法令或条例”，在国际层面则包括了世贸组织的前言、《联合国气候变化框架公约》《关于环境与发展的里约宣言》等，在国内层面则包括了《电力法》《国家电力政策》《国家电力计划》和《国家气候变化行动计划》。

因此，首先需要明确的问题就是第 20 条（d）款中所提及的“法律或条例”是否包括了国际法律文书。为了解决这一问题，专家小组借鉴了上诉机构在墨西哥软饮料征税案件中的解释，认为第 20 条（d）款中的“法律或条例”应该指“国内法律或条例”，同时也适用了上诉机构在认定国际规则作为国内规则的两种情况。[1] 但是，印度并没能够证明这些国

① India Solar Cells and Solar Modules case, para. 7.291. 根据墨西哥软饮料案件中上诉机构明确了国际规则能够变成国内法律体系的一部分的两种情况：第一种情况是“国内立法或监管行为有时可能旨在执行一项国际协定”，也就是说通过国内法或条例来执行国际协定，这时候国际协定就变成国内法律制度的一部分；第二种情况是某些国际规则可以在 WTO 成员的国内具有直接效力无须实施立法。在这种情况下，这些规则也可以成为成员国国内法的一部分。

际协定在印度具有直接的效力，因此也就否定了这些国际规则属于第20条（d）款下的“法律或法规”。

接下来，专家组又审查了印度所提到的国内层面的法律文书是否属于第20条（d）款下的“法律或条例”。首先需要明确的是第20条（d）款下的“法律和条例”的范畴。针对这一问题，美国认为印度所指出的国内法并不能属于第20条（d）款下的“法律或法规”，原因是印度的这些法律文本并没有约束力，或者只是具有短期效力的政策性文件。①

专家组在对这一问题进行审查时首先明确了第20条（d）款下的“法律或法规”应该是具有法律强制力的，因此最后断定只有《电力法》第3条满足这一条件，② 并且认定该条款与GATT的相关规则是一致。③ 根据WTO争端解决小组在之前案例中对于第20条相关条款的解释方法，专家小组需要审查该“国内含量”要求措施是否是为了确保国内“法律或法规”得到执行的必要措施。在这一问题上，争议双方也存在不同的观点，欧盟认为印度并没有充分证明印度需要实施“国内含量”措施。《电力法》第3节的相关规定实际上是授权政府制定国家电力政策和关税政策，也就是说，政府可以据此制定相应的电力政策，实现资源的较好利用，但是并没有明确要求实施“最低含量”要求。专家小组同样在其审查的过

① India Solar Cells and Solar Modules case, para. 7. 304.
② 同上，para. 7. 319.
③ 同上，para. 7. 322.

程中也意识到了这一问题。最终，专家小组认为印度并没有充分地证明该争议措施是确保《电力法》第3条被贯彻实施的必要措施。

在对相关案件进行审理之后，专家小组认为，印度所列出的国际和国内的相关法规只有《电力法》第3条属于第20条（d）款下的“法律或法规”，即使属于第20条（d）款下的“法律或法规”，但是印度却没能够证明“国内含量”措施是确保《电力法》第3条的相关措施能够较好执行的必要措施。①

最终，专家小组认为，“国内含量”要求措施违背了TRIMs协议和GATT中的国民待遇原则，而且不属于GATT第3条第8款的范围内，该要求也不能依据GATT一般例外条款中的（j）款和（d）款而被认定为合法。②

印度对于专家小组的相关解释存在异议，存在争议的地方主要有如下体现：第一个就是“国内含量”要求是否属于GATT第3条8款的减损条款。印度不赞同专家组认为“国内成分”要求措施不属于GATT第3条8款的减损条款的结论。上诉机构针对印度的申诉进行了审核，并认为在第3条8款（a）项下，受歧视的外国产品与通过采购方式采购的产品之间存在竞争关系，因而认专家组的分析方法和结论，认为“国内含量”要求不属于第3条8款（a）项的减损范围。

① India Solar Cells and Solar Modules case，para. 7. 336.
② 同上，para. 8. 2.

第二个就是针对 GATT 第 20 条（j）款和（d）款的争议。在对这个问题进行审查的过程中，上诉机构依然采用的是两层递进的分析方法。根据两层递进法的要求，上诉机构首先需要判断争议措施所涉及的特殊利益属于第 20 条一般例外条款的范围，接下来需要判断的是措施与受保护的利益之间是否有充分的联系，这种联系的程度是通过（d）款的“必要的”（necessary）和（j）款的“必不可少”（essential）等来体现的。

在针对第 20 条（d）款的解释过程中，上诉机构认为需要证明存在（d）款下所提及的“法律或法规”，这些“法律或法规”与 GATT 的规则不相抵触，而且争议措施的实施目的是为了确保这些“法律或法规”的贯彻执行。在对于争议措施是否是确保这些“法律或法规”能够贯彻执行的必要措施的审查中，上诉机构则“权衡和平衡”了一系列与之相关的因素。①

在对于第 20 条（j）款的分析过程中，上诉机构首先解释了对“产品供不应求”的理解。上诉机构认为，应该解释为产品在数量上存在不足。② 而对于“普遍或局部”（general or local）则应从地理范围内进行解释。③

---

① India-Certain Measures Relating to Solar Cells and Solar Modules, Report of the Appellate Body, WT/DS456/AB/R, 2016, September 16, para. 5. 63.

② 同上，para. 5. 65.

③ 同上，para. 5. 67.

在审查过程中，上诉机构首先针对第20条（j）款的适用进行了分析。上诉机构认为，在判断产品是否存在“普遍或局部供应不足”时，应该考虑该产品在特定的区域内多大程度上是可得的，而且应该充分考量相关产品和地理市场及相关市场潜在价格波动和国内外消费者的购买力等因素，但是也强调指出“普遍或局部供应不足”应该是国内和国际来源都不足以满足其需求。[①] 虽然上诉机构对于专家小组的分析存在不同的观点，但是依然保持了专家小组的结论，认为争议措施不属于第20条（j）款的范围。

接下来，上诉机构又针对第20条（d）款进行了相应的分析。在审查的过程中，上诉机构首先针对“法律和法规”进行了解释。上诉机构认为，在判断一项文本是否属于第20条（d）款项下的“法律或法规”时，应避免适用某单一特征来进行判断，而应该权衡多个因素来进行综合的考量。[②] 但是，上诉机构仍然认为，印度并没有证明其所提出的相关国际文书属于第20条（d）款的“法律或法规”。

---

① India-Certain Measures Relating to Solar Cells and Solar Modules, Report of the Appellate Body, WT/DS456/AB/R, 2016, September 16, para. 5.89.

② 同上，para5. 113. 上诉机构在此提出了判断一项文书是否属于第20条（d）款项下的“法律和法规”时所应考量的因素，其中包括：1）文书的规范程度以及文书在多大程度上规定了一个成员国国内法律制度中应遵守的行为规则或行动方针；2）有关规则的具体程度；3）该规则是否在法律上可强制执行；4）该规则是否已被拥有相关权利的主管当局采纳或承认；5）任何载有成员国国内法律制度规则的文书的形式和标题；6）相关规则可能附带的处罚或制裁。

5.2.1.3 新能源领域的其他相关案件

2010 年，美国就中国风力补贴项目中存在“国内含量”要求的相关措施向争端解决机构提出了申诉。在其申诉中，美国认为中国的相关补贴违背了《补贴与反补贴措施协议》下的相关规则。

2016 年，印度针对美国在新能源领域实施的 11 项措施与美国进行了磋商，认为美国违背了其在 GATT、TRIMs 以及 SCM 协议下的相关责任。印度在其诉讼中认为美国在其相关措施的实施过程中存在区别对待国内产品和国外产品情况，为了鼓励国内产品的使用给予了相应的奖励，因此印度认为美国的相关措施给予了国内产品竞争优势，从一定程度上阻碍了产品的进口。① 除此之外，印度还指出美国在提供相关补贴时是以国内产品的使用为条件的，因此违背了其在《补贴与反补贴措施协议》下的相关规则。

5.2.2 新能源相关案件的分析

在前面的分析中，我们也曾强调过一个问题，就是市场存在失灵的情况，例如，新能源电力的价格构成包括了社会福利和环境等因素，因此跟化石燃料产生的电能是有区别的，但是

---

① Panel Report, United States-Certain Measures Relating to the the Renewable Energy Sector, 2019, June 27, para. 7.241.

市场并没有较好地反映出这一点。因为无论是新能源电力还是传统化石燃料而产生的电力对于消费者来说是没有区别的。但是由于成本结构的不同，使得新能源电力的价格较高，新能源电力没有办法跟传统电力进行竞争。[①]

考虑到新能源产业的困难，许多政府只有通过补贴的方式，抵消其多出来的结构成本，进而使新能源电力能够跟传统电力进行竞争。在 2017 年，对新能源的补贴增加了 17%，新能源的比例也在不断加大，在最近几年也得到了较为迅速的发展。然而由于对于新能源补贴在多边贸易体制下没有特别说明，因此对新能源产业实施补贴的国家很容易被认定为违背多边贸易体制下的相关规则。

5. 2. 2. 1 加拿大新能源补贴案的分析

加拿大的新能源补贴案是第一个被质疑的案例，该案例的基本情况在前面已经进行了相应的分析。该案例的一个关键就是欧盟认为加拿大所实施的上网电价项目对新能源相关产业赋予了利益。但是从各国推动新能源发展的方式来看，上网电价项目是实施得比较广泛的一个方式。该项目的一个主要目的就是为了保证电量供应的稳定，对新能源电力生产商的电力价格给予了一定的保证。但是在该项目的实施过程中，对于电力生产商提出了“最低国内含量”的要求。

① 杜玉琼．“一带一路”背景下我国发展可再生能源补贴的合规性解析[J]．四川师范大学学报（社会科学版），2017，44（06）：40－45．

通过前面的案例分析我们不难发现，专家组和上诉机构都认为争议措施确实存在财政补助。在判断是否赋予利益的时候，专家小组依据第14条（d）款进行分析，然而专家小组认为安大略省电力市场并不是一个充分竞争的市场，因为受政府的干预，专家小组拒绝欧盟方提出的比较标准，即将整个电力批发市场作为一个整体。

与专家小组不同，上诉机构采取了另一种分析方法。上诉机构首先并不认同原告所采用的市场比较标准，在对相关市场进行界定时，上诉机构认为应该充分考虑到与市场相关供求因素，并考虑到新能源电力在发展过程中的限制。由此可见，上诉机构对于新能源的解读给予了一定的政策空间。[①] 上诉机构认为，在对可再生能源发电和传统能源发电进行比较的时候，需要充分考虑其所有的价格构成，除此之外，也要考虑到确保可再生能源电价的目的以及其对碳排放的缓解作用。上诉机构认同政府在实施混合能源供给政策对可再生能源发电市场进行干预时所做的考量。上诉机构虽然对一国政府的政策或措施的制定原因有所考虑，但是，上诉机构依然没有明确指出新能源补贴在《补贴与反补贴措施协议》中的性质，最终的结论是上网电价项目中的“最低国内含量”要求措施违背了其在TRIMs和GATT下的国民待遇原则。

---

① Sherzod Shadikhodjaev，“International Decisions：First WTO Judicial Review of Climate Change Subsidy Issues”，American Journal of International Law，Vol. 107，2013，para. 874.

不可否认，政府的财政支持对于新能源产业发展起到了重要作用，但是随着国际贸易的发展和经济一体化的不断深入，对新能源产业的补贴不仅影响到补贴国，对于其他的国家，甚至整个国际市场都可能产生相应的影响。在这种情况下，新能源补贴就有可能被诉至争端解决机制，前面的相关案例更是印证了这一情况的发生。在 GATT 和 WTO 的相关条款中都对补贴进行了规范，然而通过对这些规则的分析也不难发现，这些规范都没有涉及新能源补贴的相关情况。

目前在涉及新能源领域的相关案例中，只有两个上诉至上诉机构。从前面对相关案例的分析中可以发现，上诉机构都考虑到了气候变化应对这一情况，但是案例依然没能明确新能源补贴在多边贸易体制下的性质。[①] 由于《补贴与反补贴协定措施》和现有的上诉报告都没有将新能源补贴作为一种特殊补贴来看待，WTO 的其他相关规则也没有给其成员方的政策制定提供一定的空间。从已有的案件来看，虽然争端解决小组对

① Charnovitz S, Fischer C. Canada-Renewable Energy: Implications for WTO Law on Green and Not-So-Green Subsidies, SOcial Science Electronic Publishing, Vou. 14, 2015, pp. 177-210. See also, Cosbey A, Mavrioidis P C. A Turquoise Mess: Green Subsidies, Blue Industrial Policy and Renewable Energy: the Case for Redrafting the Subsidies Agreement of the WTO , Journal of International Economic Law, Vol. 17, 2014, pp. 11 -47. See also, Cosbey A, Mavroidis PC. A Turquoise Mess: Green Subsidies, Blue Industrial Policy and Renewable Energy: the Case for Redrafting the Subsidies Agreement of the WTO , Journal of International Economic Law, Vol. 17, 2014, pp. 11 -47. See Also, Luca Rubin, the Wide and the Narrow Gate: Bench marking in the SCM Agreement after the Canada-Renewable Energy/FIT Ruling, World Trade Review, Vol. 14, 2015, pp. 211 -237.

相关条款的解读似乎有环境保护的倾斜，但是对于政府应如何制定新能源补贴政策却没有给予相应的指导。

在这种情况下，这些不确定性使得 WTO 的成员国对于多边贸易框架下的相关规则是否能够较好地解决新能源补贴问题产生了疑问。除此之外，还有一个不能忽视的问题是，跟发达国家相比，这种不确定性对于发展中国家的影响会更加严重。[①] 因为发展中国家都面临着经济发展的重任，在经济发展的过程中，发展中国家 CO_2 的排放量已经渐渐赶超发达国家，因此，对于发展中国家而言，如何快速地推进新能源的发展就显得更为紧迫。

就目前的情况来看，发展中国家新能源的发展跟发达国家相比还存在一定的距离。由于自身的限制，在没有政府支持的情况下，发展中国家新能源产业的发展具有一定的滞后性，从而增强对发达国家在技术和设备上的依赖，结果又会限制发展中国家新能源产业发展，使得发展中国家进入一个恶性循环。

类似的情况也同样在中国有存在。在前面的分析中，我们能够很清楚地了解到中国在近几年的 CO_2 排放情况。中国已

① Rena Ravinder, Impact of WTO Policies on Developing Countries: Issues and Perspectives, Transnational COrporations Review, Vol, 4, 2015, pp. 77-88. See also, Leslyn Lewis, the WTO Canada Renewable Energy Feed-in Tariff Case and its Application to Green Energy Projects in the Developing World: the Abdication of the Subsidies and Countervailing Measures Agreement within Green Energy Conflicts, Asper Rev. Int'l Bus. & Trade L. Vol. 16, para. 129.

经成为亚洲一个主要的 CO_2 排放国，随着工业化的进一步加深，中国也将成为世界 CO_2 的主要排放国。在《巴黎公约》中，中国承诺了要减少 CO_2 的排放。因此，对于中国来讲，减少 CO_2 的排放量是我们迫切需要解决的一个问题。

由于目前尚未明确新能源补贴在多边贸易规则下的性质，新能源产业在中国的发展受到了一定的影响。为了促进新能源的发展，中国政府通过相应的政策进行了推动，但是由于缺乏一个明确的指南，国内的措施时刻面临着被质疑的风险。在前面的案例分析也提到过 2010 年美国针对中国的风力补贴项目提出过质疑。除此之外，中国光伏产业的双反案调查也给中国光伏产业的发展造成了很大的影响。

5.2.2.2 印度太阳能和太阳能组件电池案的分析

与新能源领域相关的另一个案例就是印度太阳能和太阳能电池组件案。前面案例介绍中指出该案的起因是因为印度为了推行新能源的发展，实施了 JNNSM 计划，该计划的实施过程中同样也提出了“国内含量”要求措施，因此，美国认为其相关措施违背了其在多边贸易制度下的责任。但是印度认为“国内含量”要求措施可以通过援引第 20 条（d）款和（j）款而被认定为合规的政策。

通过前面的案例介绍我们可以知道，针对第 20 条相关条款的解释，上诉机构的解释要更加全面。上诉机构首先依据两层递进的方法来判断争议措施是否可以通过援引第 20 条的例外条款而被认定为合理，在对必要性进行检测时，上诉机构更是权衡了一系列相关因素，即便如此，上诉机构依然赞同专家小组的审查结果。虽然上诉机构权衡了一系列相关因素，但是其并没有充分考虑到印度气候变化应对的迫切性，因此在对“普遍或局部供应不足”等相关概念进行解读时，考虑更多的则是客观因素。不仅如此，上诉机构也忽视了如果过度地依赖国际市场，可能会给印度气候变化问题的应对带来潜在风险。①

与加拿大的新能源补贴案不同的是，美国认为印度的相关措施违背了其在 GATT 和 TRIMs 下的相关原则。印度想通过援引第 20 条的一般例外原则来寻求其相关措施的合法性，但是以专家小组和上诉机构的报告可以看出，印度的相关措施没能通过援引第 20 条的一般例外条款而被认定为合法。

5.3 多边贸易体制下应对气候变化与自由贸易之间的潜在冲突分析

从前面的论述中我们可以发现，为了保证国际贸易的有序进行，推动国际贸易的自由化，多边贸易体制通过制定相

---

① 孙雁南．关于 GATT 第 20 条 J 条款的适用分析——以印度太阳能电池和组件措施案为例[J]．企业改革与管理，2020，2：205－206.

应的规则来规范国际贸易，但是在经济发展的过程中，一些非经济价值的重要性不断突显出来，其中比较迫切的一个非经济因素就是环境保护问题。环境保护问题越来越被重视的原因主要有两方面，一方面是当经济发展到一定的阶段，人们对生活环境的要求就会相应提高；另一方面是人类在经济发展的过程中确实给环境带来了一定的破坏，而其反过来也在影响着人类的生活和健康。这些原因使得环境保护的重要性日益突显。

在环境保护的过程中，一些国家相关的政策或者法规会通过贸易限制的方式来实现对环境的保护。在这一情况下，不可避免地会与自由贸易的相关规则相抵触，因此，贸易纠纷也就不可避免。从目前诉至多边贸易规则下的相关案例可以看出，贸易纠纷的争议点无非以下几种情况：

第一，违背了多边贸易规则中的非歧视原则。非歧视原则是 WTO 的一项重要原则，具体体现在国民待遇以及最惠国待遇等方面。但是通过对新能源补贴的相关案例的分析，我们不难发现，在实施新能源补贴的过程中，往往会存在“国内含量”要求的相关规定，而这一规定不可避免地会对国内产品和国外产品构成区别对待，存在歧视对待国外产品的可能性。

第二，违背 GATT 中有关数量限制的规定。GATT 中有关数量限制的规定是推动贸易自由化的一个关键。GATT 中对于取消数量限制有着明确的规定，但是如前所述，一些环境条款或者措施的实施是通过贸易限制的措施来实现的，这在一定程度上违背了 GATT 中有关数量限制的规定。

第三，国内措施制定存在变相的贸易保护情况。这一争议点一直是国际贸易纠纷争论的一个关键点。多边贸易规则的制定从一定程度上消除了关税壁垒，但是，在经济发展的低迷时期，贸易保护主义不可避免地成为对外贸易政策的首先措施。在关税壁垒逐步消除的状况下，非关税贸易壁垒的出现，使得国际贸易争端不断增多。相较于关税壁垒，非关税贸易壁垒反而更加隐蔽，通常会以实施对环境或者人类的健康等非价值因素的保护为名实施国际贸易限制。

为了实现环境保护目的或者保护人类或者动植物的健康，一些发达国家会制定各种标准来确保进口产品的标准性和安全性，如果各国都制定不同的标准，那么产品出口国需要面对各种各样的标准，这在一定程度上增加了产品出口的负担。多边贸易体制下，为了能够进行有效的规制而制定了《技术性贸易壁垒协定》。该协定从一定程度上规范了多边贸易规则，但是非关税壁垒的存在依然是不可避免的。非关税贸易壁垒的存在尤其对我国在农业和水产品领域的出口产生了极为消极的影响。例如，日本《肯定列表制度》的颁布就提高了对于食品安全的标准，而这一规则的颁布直接限制了我国蔬菜水果等农产品的出口。①

---

① 郑绪涛，周凌瑞．日本技术性贸易壁垒对中国农行采纳品出口的影响[J]．生产力研究，2019（11）：51－53.

为了较好地应对气候变化，减少碳排放，国际上的一些发达国家还提出了碳标签制度。该制度要求标明与产品有关的 CO_2 排放量，从而使消费者能够清楚地了解产品的碳排放情况。[①] 由此可见，碳标签制度制定的一个目的是为了从产品的生产到使用，乃至到最后的丢弃都能够尽可能地减少碳排放。但是这一要求的制定对于产品出口国来说无疑增加了负担，尤其对于一些发展中国家而言，碳标签制度的发展存在一定的制约性，因而会更加限制产品的出口。[②] 在这一情况下，碳标签制度在其实施的过程中，难免会产生贸易纠纷。因此，一些发展中国认为，碳标签制度的实施存在产品区别对待的问题，违背成员国在 TBT 协定项下的责任。

第四，对“相似产品”（like product）的界定不明确。“相似产品”的界定对于是否存在歧视待遇的判断起着非常重要的作用，因此，如何准确地理解“相似产品”这一定义，对于解决相关贸易纠纷具有十分重要的意义。但是无论在 GATT 的相关规则还是在 WTO 的相关规则里并没有对其进行明确的规定，因此，对于“相似产品”的理解主要还是通过

① John J. Ems lie, “Labeling Programs as a Reasonably Available Restrictive Trade Measures under Article XX's Nexus Requirement,” Brooklyn Journal of International Law, Vol. 30, 2005.

② 张雄智，王岩，魏辉煌，王钰乔，赵鑫，薛建福，张海林. 碳标签对中国农产品出口贸易的影响及对策建议[J]. 中国人口·资源与环境，2017，27（s2）：10－13.

专家组或者上诉机构所给出的标准来进行判断的。①

上诉机构在其报告中虽然给出了一个衡量的标准，但是在实际操作中，这些标准的适用不免会存在一些限制。② 例如，从质量及外观上来看都相同的两种产品，一种是通过无污染的新技术生产，而另一种则是通过传统技术进行生产，如何来界定这两类产品，也经常成为一个贸易的争论点。在面对气候变化的问题时，一个很现实的问题就是，相同的产品，在其生产过程中碳排放量是不同的，这种情况下适用上诉机构在其报告中所提出的相关标准来进行判断的话，很容易将两种产品看成同类产品，但是实际上，两种产品在对环境所产生的影响这一点上，确实存在较大区别。因此，在实践中是否将这些因素进行考量，也是亟待明确和解决的。

第五，现有的 TRIPs 协议在一定程度上制约着气候技术的转让。该协议实施的目的是在不构成贸易限制的前提下，对知识产权进行充分有效的保护。在条款中也有环境因素的考量，如其 27 条第 2 款规定："若阻止某项发明在境内的商业利用对保护公共秩序或公共道德，包括保护人类、动物或植物的生命或健康或避免对环境造成严重污染是必要的，则成

① Appellate Body Report, European Communities-Measures Affecting Asbestos, WT/DS135/AB/R, para. 101, (Mar. 12, 2001). 上诉机构在其报告中指出了确定产品是否属于相似产品的四个判断标准，分别包括：产品的性质和质量、产品的最终用途、消费者对产品的看法和行为以及产品的关税分类。

② 张诚. 浅析 WTO 框架内"相似产品"的认定[J]. 求实, 2011 (s1): 140-141.

员方可拒绝给予该项发明以专利权。”虽然该条款考虑到了环境保护的必要性，但是对有关环境技术的转让却没有给予特别的规定。

如前所述，国际环境法中虽然对发达国家提出了技术转让的要求，但是受约束力的限制，在实践中，并没有发挥其实际应该发挥的作用。而在TRIPs协定中又没有对气候技术转让的特殊规定，这反而有可能限制了气候技术的转让，因此，很多发展中国家认为，应该对于气候技术的转让给予特殊的关注和对待。

在这种情况下，环境议题一直是多边谈判的一个重要的议题。多哈回合谈判中，就将贸易与环境作为一个重要议题。[①] 由于各个国家的贸易和经济发展水平存在较大的差距，因此对待环境问题的处理难免会存在差异。对于发达国家来说，在其经济发展到一定程度的时候，环境问题就会比较明显地突显出来，而因其经济和技术都达到了较高的水平，因此环境标准的制定也就相对比较严格。但对于发展中

① 多哈会议部长宣言中第31条就专门针对贸易与环境议题进行谈判。该条款就明确指出：“为加强贸易和环境的相互支持，我们同意在不实现判断结果的前提下，就以下方面进行谈判：（i）现存WTO规则和多边环境协定（MEAs）中阐述的明确的贸易义务之间的关系。谈判在范围上应限于WTO规则在讨论中的多边环境协定（MEAs）成员间的适用性。谈判不应歧视不是MEA成员的WTO成员的WTO权利。（ii）在MEA秘书处和相关WTO委员会之间例行的信息交换，以及给予观察员地位的标准。（iii）减少或酌情消除环境产品和服务的关税以及非关税壁垒。”

国家来说，经济仍然是其发展的一个重要问题，近些年，环境问题的出现已经让很多国家意识到环境保护的重要性，但是受经济和技术的影响，还很难达到发达国家的标准。在这种情况下，环境标准的不统一又会成为制约贸易自由发展的一个潜在因素。因为发展中国家很多能出口的产品无法达到发达国家的标准而没有办法出口。就目前来看，多边谈判并没有达成一个较为合理的结果。因此，多边贸易谈判处于一个停滞不前的状态。

目前，很多国家试图通过签订区域自由贸易的方式来解决环境问题，而很多区域自由贸易协定中都包含了环境条款，例如《北美自由贸易协定》就是首个包含环境条款的区域自由贸易协定；而《跨太平洋战略经济伙伴关系协定》也备受瞩目。这些区域贸易协定都有着较为详细的环境条款，但是这些条款的可操作性不强，缺乏相应的约束力，因此是否能够通过这一方式解决环境与贸易之间存在的问题依然是未知的。

由此可见，在多边贸易体制下，自由贸易与应对气候变化之间不可避免地存在着一些潜在的冲突。在前面的陈述中我们知道，WTO 虽然不是一个环境保护组织，但是在其规则中也对环境保护有所提及。为了应对这一问题，第 20 条一般例外条款，一直被认为是缓解环境问题与自由贸易冲突的一个重要纽带。但是在前面对第 20 条一般例外的相关案例的分析中我们也不难发现，专家组和上诉机构虽然在不断地完善对一般例外条款的解释方式和途径，但是就目前来看，鲜有案例可以满足一般例外条款的相关规定，被认定为合法。

除此之外，新能源补贴是推动新能源产业发展的一个重要手段，然而在目前根据多边贸易规则，以及专家组和上诉机构的报告，新能源补贴的合法性问题一直没有得到明确。既然新能源补贴实施的目的是减少碳排放以应对气候变化问题，这一目的也属于 GATT 第 20 条的一般例外条款的相关规定范围，那么如果新能源补贴被认定为不合理的情况是否可以援引第 20 条的相关规定来寻求其合法性也成为一个争论的焦点问题。

为了解决这一问题，就需要明确第 20 条一般例外的免责范围。首先可以确定的是，援引第 20 条例外条款如果违背了 GATT 项下的相关责任，那么是可以免责的。除此之外，还可以明确的是，违背在 SPS 协定下的相关责任是可以免责的。这主要是因为该协定是 GATT 第20 条（b）款的一个具体规则。

在社会发展的过程中，人们对于食品安全的关注也与日俱增，因此越来越多的国家开始实施对于动植物的检疫制度。该制度的实施在一定程度上对本国的相关产品市场起到了保护作用，同时也就变相地对贸易产生了消极的影响，因此，需要对该项措施的实施进行相应的规范。SPS 协定的一个重要目的就是在“不阻止成员方采纳或实施为保护人类、动物和植物的生命或健康所需的措施”的同时，又要保证相应措施在实施的过程中“不得在情形相同的成员方之间造成任意或不正当的歧视，或对国际贸易构成变相的限制”。[①] 该措施在其前言中也明确指出：“希望精心考虑运用1994关税及贸易总协定中使用卫生或植物检疫措施有关的条款，特别是第20条第（2）款的实施细则。”

为了明确新能源补贴如果被认定为违背SCM协定下相关规则是否可以通过援引第20条一般例外条款获得免责的问题，我们接下来对于两个相关案例进行了深入的分析和总结，这两个案例分别是中国影响某些出版物和视听娱乐产品的贸易权和分销服务的措施案，另一个则是中国的原材料出口案。

中国影响某些出版物和视听娱乐产品的贸易权和分销服务的措施案的起因是美国认为中国在规范阅读材料、家庭视听娱乐产品、录音带，以及供剧院放映的影片等过程中采取的一系列措施与中国在《中国加入议定书》和《中国加入工作组报

---

①《卫生与植物检疫措施》，为了进一步明确其成员方的权利与义务，该协议的第2条指出：1. 各成员有权采取为保护人类、动物或植物的生命或健康所必需的动植物卫生检疫措施，但这类措施不应违背本协议的规定；2. 各成员应确保任何动植物卫生检疫措施的实施不超过为保护人类、动物或植物的生命或健康所必需的程度，并以科学原理为依据，如无充分的科学依据则不再实施，但第5条7款规定的除外。3. 各成员应确保其动植物卫生检疫措施不在情形相同或情形相似的成员之间，包括在成员自己境内和其他成员领土之间构成任意或不合理的歧视。动植物卫生检疫措施的实施不应对国际贸易构成变相的限制。

告书》等法律文件的相关承诺不一致，并认为中国的相关措施违背了其在 GATT 项下第 3 款第 4 条的国民待遇原则。

针对这一情况，中国则认为相关争议措施是可以通过援引第 20 条（a）款的相关规定被认定为合理的。中美针对其中的一些争议将该案件上诉至上诉机构，美国就指出是否可以通过援引第 20 条（a）款作为中国与《中国加入议定书》中的义务不一致来进行抗辩。① 中国认为只要采取的措施符合 GATT 第 20 条的相关规定，那么中国就可以依据第 5.1 条对进出口权限加以限制。② 但是，美国认为，中国可以依据该条款对进口到中国的相关产品符合 WTO 协定中的相关规定，但是不能减损中国所作出的承诺。③ 因此，专家小组认为，要解决这一争端，需要首先明确的问题是是否可以直接援引

① Appellate Body Report, China-Measures Affecting Trading Rights and Distribution Services for Certain Publications and Audiovisual Entertainment Products (hereinafter China-Audiovisual Entertainment Product case), WT/DS363/AB/R, Dec. 21, 2009, para. 77.

②《中华人民共和国加入世界贸易组织议定书》，5.1 条，该条款指出："在不损害中国以与符合《WTO 协定》的方式管理贸易的权利的情况下，中国应逐步放宽贸易权的获得及其范围，以便在加入后 3 年内，使所有在中国的企业均有权在中国的全部关税领土内从事所有货物的贸易，但附件 2A 所列依照本议定书继续实行国营贸易的货物除外。此种贸易权应为进口或出口货物的权利。对于所有此类货物，均应根据 GATT1994 第 3 条，特别是其中第 4 款的规定，在国内销售、许诺销售、购买、运输、分销或使用方面，包括直接接触最终用户方面，给予国民待遇。对于附件 2B 所列货物，中国应根据该附件中所列时间表逐步取消在给予贸易权方面的限制。中国应在过渡期内完成执行这些规定所必需的立法程序。"

③ Panel Report, China-Audiovisual Entertainment Product case, WT/DS363/R, Aug. 12, 2009, paras. 7.242 - 7.243.

第20条作为对违反《中国加入议定书》下的贸易权利承诺的抗辩。①

但是专家小组并没有去解决这一问题，而是在假设成立的前提条件下，先审查了相关争议措施是否满足第20条（a）款的要求，专家小组认为，中国没能证明其争议措施符合第20条（a）款的要求，因此也就没有去分析是否可以援引第20条（a）款来对违反《中国加入议定书》下的贸易权利承诺抗辩。②

上诉机构认为专家小组的这种审核方式容易造成责任义务的不明确性，与争端解决机构设立的目的不相符。③ 上诉机构小组首先对相关的条款进行分析之后，在对“不妨碍中国以符合世界贸易组织协定的方式管理贸易的权利”这句话解读的过程中，认为是可以适用GATT第20条的相关规则的。④ 最后，上诉机构小组认为，中国试图证明其正当性的条款与中国对相关产品贸易的监管之间存在着明显、客观的联系，鉴于这种关系，可以依据其议定书第5.1款，并证明这些条款属于第20条（a）款的范围是保护中国公共道德的必要措施。⑤

---

① Panel Report, China-Audiovisual Entertainment Product case, WT/DS363/R, Aug. 12, 2009, para. 7.743.

② Panel Report, para. 8.2 (a) (ii).

③ Appellate body Report, China - Audiovisual Entertainment Product case, para. 215.

④ Ilaria Espa, The Appellate Body Approach to the Applicability of Article XX GATT in the Light of China - Raw Materials: A Missed Opportunity?, Journal of World Trade, vol. 46, 2012, para. 1408.

⑤ 同上，para. 233.

另外一个相关的案例就是中国原材料案。在该案中，申诉方认为中国通过出口关税、出口配额、出口许可证以及最低出口价格要求等方式限制产品的出口，这些相关的措施与中国在《中国加入议定书》和《中国加入工作报告》中的承诺不一致，违背其在GATT下的相关规则。[1] 中国认为，其与《中国加入议定书》不符的相关争议措施可以通过援引GATT第20条的相关规定被认定为合理，但是专家小组却不同意。最终，该案件被诉至上诉机构。在上诉中，中国认为专家小组的论断是错误的，但是美国和墨西哥则认为《中国加入议定书》第11条3款明确提及了GATT第8款的相关规定，但是没有提及GATT的其他相关规定，因此认为不可以适用GATT的第20条一般例外条款。[2] 上诉机构在审核了相关条款之后，也认可专家小组的论断，认为相关条款中都没有提及GATT第20条的相关条款，因此不能够适用第20条的一般例外条款。

从以上两个案例可以看出，在判断是否可以援引第20条的一般例外条款来为GATT以外的责任免责时，争端解决机构会对相关条款进行严格的审查。因此，为了判断相关争议措施违背《补贴与反补贴措施协议》下的相关责任时是否可以适

① Appellate Body Report, China-Measures Related to the Exportation of Various Raw Materials, WT/DS394/AB/R, WT/DS395/AB/R, WT/DS398/AB/R,（May 5, 2011）, para. 2.

②《中华人民共和国加入世界贸易组织议定书》，第11条的内容涉及了对进出口产品征收税费的要求，其中第3款规定："中国应取消适用于出口产品的全部税费，除非本议定书附件6中有明确规定或按照GATT1994第8条的规定适用。"

用 GATT 第 20 条免责，上诉机构也依然会对其条款进行严格的审查。

在前面的分析中我们知道，GATT 第 16 条就涉及了有关补贴的相关规定，因此 SCM 协定中的相关规定可以看作是对 GATT 第 16 条相关规则的细化和完善。在这种情况下，专家小组和争端解决小组非常有可能对 SCM 协定下相关责任的违背适用总协定第 20 条的例外条款。

第六章 >>>

多边贸易体制下气候变化问题的应对

为了更好地应对气候变化可能会给人类带来的影响，世界各国都采取了各种政策措施来有效减少碳排放，实现能源结构的调整。我国的“十一五”规划纲要中就提出了节能减排的工作要求，并且为实现节能减排目标做出了很多努力。我国在不断加快产业结构调整，在促进传统产业升级的同时也在不断地大力发展第三产业，在节能和发电领域我们更是投入了大量的资金和设备来实现新能源的发展，不仅如此，我国还出台了一系列应对气候变化的政策法规，制定了许多措施办法。在国际领域，我国也签署了多个应对气候变化的国际公约，积极倡导国际合作，我们在外贸发展的过程中也注重可持续发展战略的实施，不断提升我们的环保意识。可见，中国也意识到气候变化所带来的一系列的问题，并高度重视这一问题。

从前面的分析我们知道，在多边贸易框架下，各国在节能减排工作的推进过程中，不可避免地遇到了一些问题。接下来，我们就来探讨如何解决这些问题进而有效地应对气候变化问题。

6.1 积极应对碳关税的征收

以美国和欧盟等为代表的一些发达国家一直在探讨有关碳关税征收的问题。一旦开始实施碳关税，那么首先面对的一个问题就是其是否违背成员方多边贸易体制下的相关原则。然而从目前的探讨来看，碳关税的征收在多边贸易体制下的合法性问题也并不是十分明确，因此，如果有国家实施碳关税的征收，那么很有可能会导致贸易纠纷的增多。在这种情况下，我们要具备较好应对绿色贸易壁垒的能力。在经济发展低迷的时期，国家的对外贸易政策会向贸易保护主义倾斜，因此环境保护政策措施的推动就有可能会成为贸易保护的一个有效的手段，在这种情况下，我们应该具备分辨贸易壁垒的能力，积极运用多边贸易争端解决机制，保护国家的权利。

碳关税的征收将集中在碳排放较多的产品领域，例如钢铁、水泥等产品。而碳关税的征收必然会对我国相关产品的出口造成影响，因此，我们需要提前做好准备积极应对。正如前面分析的一样，碳关税的征收虽然在短时间内会限制我国相关产品的出口，但是从长远的角度来看，它也会促进相关产业节能技术的推进，从另一个角度来看，碳关税的征收也会使我们加紧关注产业结构的调整，进而推动第三产业的发展。

在对外贸易方面，我们也应该引入可持续发展概念，注重我国对外贸易转型升级，积极推动低耗能产业的发展，促进低耗能、高科技产品的出口。

6.2 可再生能源补贴纠纷的应对

继 2010 年加拿大可再生能源补贴案之后，有关可再生能源补贴的案例数量有所上升。作为一个发展中国家，中国面对着经济发展和环境保护的双重重担，在经济高速发展时期，中国的碳排放已经受到了重视，因此，中国也在通过实施相应的政策发展可再生能源，并通过相应的补贴措施，来推动新能源产业的发展。然而，在相关政策措施的推行过程中，中国也曾遭到其他贸易成员国的质疑，如 2010 年美国就曾针对中国对风能和太阳能领域实施的可再生能源补贴提出了相应的质疑。

从 WTO 的宗旨①来看，我们可以知道，该组织并不是一

① WTO 的宗旨是：“提高生活水平，保证充分就业和大幅度、稳步提高实际收入和有效需求；扩大货物和服务的生产与贸易；坚持走可持续发展之路，各成员方应促进对世界资源的最优利用、保护和维护环境，并以符合不同经济发展下各成员需要的方式，加强采取各种相应的措施；积极努力确保发展中国家，尤其是最不发达国家在国际贸易增长中获得与其经济发展水平相适应的份额和利益；建立一体化的多边贸易体制；通过实质性削减关税等措施，建立一个完整的、更具活力的、持久的多边贸易体制；以开放、平等、互惠的原则，逐步调降各会员国关税与非关税贸易壁垒，并消除各会员国在国际贸易上的歧视待遇。在处理该组织成员之间的贸易和经济事业的关系方面，以提高生活水平、保证充分就业、保障实际收入和有效需求的巨大持续增长，扩大世界资源的充分利用以及发展商品生产与交换目的，努力达成互惠互利协议，大幅度削减关税及其他贸易障碍和政治国际贸易中的歧视待遇。”

个专门应对气候变化的环境组织，虽然相关条款中都有环境因素的考量，但是相关规则的可操作性以及与时俱进性都存在一定的争议。在这种情况下，不可避免地会出现应对气候变化相关的贸易争端，而由于规则上的不完善，WTO争端解决机构给予了专家组和上诉机构自由裁量权。通过对相关案件的分析来看，专家组和上诉机构虽然给予了气候变化问题一定的考量，但并没有从根本上消除不确定因素，这种情况，有可能限制应对气候变化的国内政策措施的实施。因此，专家小组和上诉机构有必要在对其规则的解读中，明确可再生能源补贴的法律性质，减少不稳定性。这也与其保障多边贸易体系的可靠性与稳定性的宗旨相一致。

除此之外，似乎SCM协议也有必要做出相应的改革来应对可再生能源补贴的争议问题。该协议明确提出了判断一项补贴是否属于可诉性补贴的三个标准，但是在其相关条款中并没有找到有关可再生能源补贴的特殊规定。为了降低对新能源补贴认定的困难，该协定应该在应对气候变化的背景下，对可再生能源问题进行专门的规定，给予可再生能源的发展充分的空间。该协议曾对不可诉性补贴进行了专门的规制，因此也有学者提出，是否可以效仿之前的不可诉性补贴的相关规定给予可再生能源补贴以特殊的待遇。[①]

鉴于多边回合谈判的停滞状态，对于SCM协议的改革也不可避免地会遇到困难，或者要经历一个长时间的过程。

---

① Sophie Wenzlau, Renewable Energy Subsidies and the WTO, Environs: Envtl. L. & Pol'y J., Vol. 41, 41, 2018. pp. 366 -367.

有学者提出，需要通过对该措施的深入研究来为新能源补贴的适用提供条件。[①]该协议的第 1 条明确界定了补贴存在的情况，但是在其第 3 款中则指出："政府不是提供一般基础设施而是提供商品或服务，或收购产品。"如果补贴属于一般基础设施，那么就有可能不会被认定为补贴。[②] 在相关政策和措施的制定过程中，我们有必要准确掌握多边贸易体制下的相关规定，确保规则制定的合法性和有效性。正如前面所提到的，如果我们只看到政策实施的效果，却不关注气候变化应对政策或者措施是否符合多边贸易体制的要求，不仅政策的实施效果难以得到保障，还有可能使政策招致更多的质疑。

我们也有必要认真地分析了解与新能源有关的案件。加拿大新能源补贴案并没有明确上网电价政策是否违背 SCM 协议下的相关规则，而且上诉机构在对该案的分析过程中也存在不足之处。[③] 但是通过上诉机构对该案的审核，我们需要关注到，上诉机构创建了一个新的市场来对是否存在利益进行分析比较。加拿大的上网电价措施之所以没有通过案件审核的一个根本原因是"国内含量"要求违背了 GATT 下的国民待遇原则。因此，对于发展中国家来说，政府对可再生能源的支持是很重要的。但是到目前为止，还没有针对发展中国家的特殊规定，因此政府在制定相关政策时，要尽量避免适用"国内含

---

① Lee Jaemiin, SCM Agreement Revisited: Climate Change, Renewable Energy, and the SCM Agreement, World Trade Rev., 2016, pp. 643 - 644.

② 同上。

③ Rajib Pal, "Has the Appellate Body's Decision in Canada-Renewable Energy/Canada-Feed-in Tariff PRogram Opened the Door for Production Subsidies?" Journal of International Economic Law, 2014, pp. 129 - 134.

量”要求措施。

在前面的案例分析中我们不难发现，在可再生能源补贴政策推行过程中，往往会有“国内含量”要求。这一措施的适用很有可能会因为违背成员方在总协定下的国民待遇原则而被质疑。但是从现实来看，这些措施确实具有一定的合理性，对于发展中国家来说，通过“国内含量”要求措施来推动国内新能源产业的发展也具有一定的必要性。[①] 无论是国际环境法还是多边贸易体制下的相关规则，都在其相关条款中提到了要关注发展中国家的特殊情况，但是这些条款的实际操作性并不强，难以发挥作用。与发达国家相比，发展中国家的技术相对落后，如果不对发展中国家给予区别对待，那么其新能源产业很难得到发展。

在应对可再生能源的质疑时，我们也要通过 WTO 争端解决机制积极应对。GATT 第 20 条中的一般例外条款将是应对这一问题的一个有效工具。第 20 条的一般例外条款对一些“非经济价值”给予了特殊对待，其中包括为了保护人类和动植物的健康条款，保护可耗竭自然资源条款等。在前面的章节中，我们也对是否可以适用第 20 条例外条款来对《补贴与反补贴措施协议》下的责任免责进行了分析。通过对相关案例的分析，我们认为专家小组和上诉机构在很大的程度会认定可以适用第 20 条例外条款来对 SCM 协议下的责任免责。

在印度的太阳能电池和太阳能组件案中，印度援引了第

① Jean Francois Mayoraz, “The WTO Canada Renewable Energy Feed-in Tariff Case and its Projects in the Developing Energy Conflicts”, Asper Rev. Int'l Bus. & Trade L., Vol. 16, 136, 2015.

20条下的（d）条款和（j）条款来寻求其争议措施的合法性，但是争议措施并没有满足第20条相关条款的要求。目前尚没有援引第20条（b）款和（g）款寻求合法性的案例，因此，有必要深入研究是否可以通过援引第20条（b）款和（g）款来寻求争议措施的合法性。

我们也要对欧盟以及美国等发达国家的气候应对政策和措施进行深入的研究和学习，借鉴国际上的先进经验。欧盟较早开始关注气候变化问题，20世纪90年代就提出了"温室气体排放交易"的概念，因此欧盟对于气候变化的应对无论是立法还是相关决策的制定都相对比较完善。为了应对气候变化问题，欧盟一直比较关注像风能和太阳能等清洁低碳的新能源的发展。而美国也在推动可再生能源技术的发展方面取得了值得肯定的成绩。因此，我们有必要对欧盟以及美国的新能源发展政策进行深入的研究，制定出适合我国的节能减排发展模式。

最后，我们也应该与积极倡导应对气候变化的国家合作。气候变化是一个全球性的问题，不是依靠一个国家或几个国家的努力就能够改善或解决的，需要全社会的共同努力。因此，我们应该积极倡导技术和资金方面的国际合作，进而有效推动气候变化问题的有效解决。

气候变化主要由自然原因和人为原因所造成，自然方面的原因有多种多样，而人为原因则主要表现在地表形态的变化和温室气体的排放。随着社会的不断发展和进步，人类的排放速度逐渐超过环境的自净能力，从而造成环境的污染和生态的破坏，其中一个重要的影响就是全球气候变暖问题。

全球变暖带来了一系列消极影响，例如海平面上升、生物多样性减少、土地沙漠化以及干旱和洪涝等恶劣天气等。人们也逐渐开始着手应对这一国际性的问题。国际社会颁布了一系列与环境保护相关的多边环境条约，比较有代表性的有《联合国气候变化框架公约》《〈联合国气候变化框架〉京都议定书》以及《巴黎协定》等；在国家层面，无论是发达国家还是发展中国家也纷纷采取各种政策措施来应对气候变化问题，近些年，各国都在积极发展可再生能源产业，以达到节能减排的目的，从而更好地应对气候变化问题。

为了维持多边贸易体制下的国际贸易活动顺利开展，实现贸易的自由化，国际社会最先成立了 GATT，1995 年，乌拉圭回合期间成立了 WTO，并通过制定相应的制度和规则，来确保国际贸易的有序进行。在 GATT 时代，贸易关税、配额和其他贸易壁垒得到了有效的规范，推动了国际间贸易的快速发展。GATT 的相关条款中也包含有关环境保护的规则，其中比较受关注的是第 20 条的一般例外条款。此外，在 WTO 的宗旨里，也提到了“坚持走可持续发展之路，各成员方应促进世界资源的最优利用、保护和维护环境”，因此，其相关条款中也涉及了有关环境保护的内容。但是，无论是 GATT 还是 WTO 都不是环境保护组织，虽然在其相关条款里包含有关环境保护的因素，但其在实践中的操作性上仍存在一定的不足，例如，在相似产品的认定上，对于亲环境产品和传统产品是否属于相似产品的认定，都存在一些模糊性。

除此之外，无论是 GATT 还是 WTO，其设立都是为了规范多边贸易体制下的贸易秩序，尽可能减少贸易壁垒，推行成员方间的自由贸易。为了实现这一目标，GATT 和 WTO 制定了一系列相关规则。然而，在应对气候变化的过程中，一些与贸易相关的环境措施，往往会导致贸易限制的情况，例如一些环境保护措施可能对产品的进口设立了相应的标准，满足标准才能够进口。比较有争议的事例主要体现在碳关税的征收和可再生能源补贴的实施等问题上。

为了更好地解决目前存在的问题，本书也从多个角度提出了解决方案。首先，WTO 中的相关条款有待相应的改革以适应国际社会变化的需要，例如，对于可再生能源的认定问题，在 SCM 协议下就没有一个相对明确的规定。其次，各个国家在相应政策的制定前，也需要对多边贸易规则和以往的相关案例进行深入的分析，进而提高政策的科学性和合理性。最后，应对气候变化是一个国际问题，因此需要世界各国积极进行合作，进而有效地推动气候变化问题的有效解决。